中华精神家园

衣食天下

茶道风雅

茶历史茶文化的特色

肖东发 主编　陈秀伶 编著

中国出版集团
现代出版社

图书在版编目（CIP）数据

茶道风雅 / 陈秀伶编著． — 北京：现代出版社，2014.11（2019.1重印）
（中华精神家园书系）
ISBN 978-7-5143-3053-3

Ⅰ．①茶… Ⅱ．①陈… Ⅲ．①茶叶－文化－中国 Ⅳ．①TS971

中国版本图书馆CIP数据核字(2014)第244345号

茶道风雅：茶历史茶文化的特色

主　　编：肖东发
作　　者：陈秀伶
责任编辑：王敬一
出版发行：现代出版社
通信地址：北京市定安门外安华里504号
邮政编码：100011
电　　话：010-64267325　64245264（传真）
网　　址：www.1980xd.com
电子邮箱：xiandai@cnpitc.com.cn
印　　刷：固安县云鼎印刷有限公司
开　　本：710mm×1000mm　1/16
印　　张：10
版　　次：2015年4月第1版　2021年3月第4次印刷
书　　号：ISBN 978-7-5143-3053-3
定　　价：29.80元

版权所有，翻印必究；未经许可，不得转载

序言

党的十八大报告指出:"文化是民族的血脉,是人民的精神家园。全面建成小康社会,实现中华民族伟大复兴,必须推动社会主义文化大发展大繁荣,兴起社会主义文化建设新高潮,提高国家文化软实力,发挥文化引领风尚、教育人民、服务社会、推动发展的作用。"

我国经过改革开放的历程,推进了民族振兴、国家富强、人民幸福的中国梦,推进了伟大复兴的历史进程。文化是立国之根,实现中国梦也是我国文化实现伟大复兴的过程,并最终体现为文化的发展繁荣。习近平指出,博大精深的中国优秀传统文化是我们在世界文化激荡中站稳脚跟的根基。中华文化源远流长,积淀着中华民族最深层的精神追求,代表着中华民族独特的精神标识,为中华民族生生不息、发展壮大提供了丰厚滋养。我们要认识中华文化的独特创造、价值理念、鲜明特色,增强文化自信和价值自信。

如今,我们正处在改革开放攻坚和经济发展的转型时期,面对世界各国形形色色的文化现象,面对各种眼花缭乱的现代传媒,我们要坚持文化自信,古为今用、洋为中用、推陈出新,有鉴别地加以对待,有扬弃地予以继承,传承和升华中华优秀传统文化,发展中国特色社会主义文化,增强国家文化软实力。

浩浩历史长河,熊熊文明薪火,中华文化源远流长,滚滚黄河、滔滔长江,是最直接的源头,这两大文化浪涛经过千百年冲刷洗礼和不断交流、融合以及沉淀,最终形成了求同存异、兼收并蓄的辉煌灿烂的中华文明,也是世界上唯一绵延不绝而从没中断的古老文化,并始终充满了生机与活力。

中华文化曾是东方文化摇篮,也是推动世界文明不断前行的动力之一。早在500年前,中华文化的四大发明催生了欧洲文艺复兴运动和地理大发现。中国四大发明先后传到西方,对于促进西方工业社会的形成和发展,曾起到了重要作用。

中华文化的力量，已经深深熔铸到我们的生命力、创造力和凝聚力中，是我们民族的基因。中华民族的精神，也已深深植根于绵延数千年的优秀文化传统之中，是我们的精神家园。

总之，中华文化博大精深，是中国各族人民五千年来创造、传承下来的物质文明和精神文明的总和，其内容包罗万象，浩若星汉，具有很强的文化纵深，蕴含丰富宝藏。我们要实现中华文化伟大复兴，首先要站在传统文化前沿，薪火相传，一脉相承，弘扬和发展五千年来优秀的、光明的、先进的、科学的、文明的和自豪的文化现象，融合古今中外一切文化精华，构建具有中国特色的现代民族文化，向世界和未来展示中华民族的文化力量、文化价值、文化形态与文化风采。

为此，在有关专家指导下，我们收集整理了大量古今资料和最新研究成果，特别编撰了本套大型书系。主要包括独具特色的语言文字、浩如烟海的文化典籍、名扬世界的科技工艺、异彩纷呈的文学艺术、充满智慧的中国哲学、完备而深刻的伦理道德、古风古韵的建筑遗存、深具内涵的自然名胜、悠久传承的历史文明，还有各具特色又相互交融的地域文化和民族文化等，充分显示了中华民族的厚重文化底蕴和强大民族凝聚力，具有极强的系统性、广博性和规模性。

本套书系的特点是全景展现，纵横捭阖，内容采取讲故事的方式进行叙述，语言通俗，明白晓畅，图文并茂，形象直观，古风古韵，格调高雅，具有很强的可读性、欣赏性、知识性和延伸性，能够让广大读者全面接触和感受中国文化的丰富内涵，增强中华儿女民族自尊心和文化自豪感，并能很好继承和弘扬中国文化，创造未来中国特色的先进民族文化。

2014年4月18日

目 录 | 茶道风雅

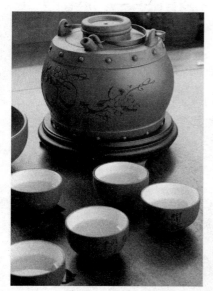

誉为国饮——茶的历史

神农尝百草而发现茶　002
先秦两汉茶文化的萌芽　006
三国两晋的饮茶之风　013
趋于成熟的唐代茶文化　022
空前繁荣的宋代茶文化　033
返璞归真的元代饮茶风　044
达于极盛的明清茶文化　051

第一名茶——西湖龙井

062　西湖龙井出产绝世佳茗
069　宋代文人青睐龙井香茶
076　明清时期的西湖龙井

茶中仙子——碧螺春

洞庭山育出珍品碧螺春　082
历代文人与碧螺春为友　087
名扬天下的明清碧螺春　091

贡茶精品——庐山云雾

匡庐仙山云雾生美茶　102
文人雅士赞美庐山茶　108
庐山云雾有"六绝"　114

中华珍茗——名茶荟萃

120　武夷碧水丹山育岩茶
129　乌龙茶珍品安溪铁观音
136　金镶玉质的君山银针茶
143　春姑仙女传下信阳毛尖

誉为国饮 — 茶的历史

我国是世界上最早发现和利用茶树的国家，是茶的故乡，也是茶文化的发源地。茶是中华民族的举国之饮，发于神农，闻于鲁周公，兴于唐朝，盛于宋代，我国茶文化糅合了佛、儒、道诸派思想，独成一体，是我国文化中的一朵奇葩。

我国的茶被誉为国饮，也被世界人民誉为"东方恩物"。我国茶道集宗教、哲学、美学、道德、艺术于一体，是艺术、修行、达道的结合，茶道既是饮茶的艺术，也是生活的艺术，更是人生的艺术。

神农尝百草而发现茶

上古时候，我们华夏民族的人文始祖神农是一位勤政爱民的部落首领，他有一位女儿叫花蕊，不知什么原因得病了。

花蕊不想吃饭，浑身难受，腹胀如鼓，怎么调治也不见好。神农很是为难，他想了想，就抓了一些草根、树皮、野果和石头，他数了数，一共有12样，就让花蕊吃下，然后就到野外干活去了。

神农画像

花蕊吃了后，肚子疼得像刀绞。没过一会儿，她竟然生下了一只小鸟，然而她的病却好了。这可把大家吓坏了，都说："这只鸟是个妖怪，赶紧把它弄出去扔了吧！"

谁知这只小鸟很通人性，见大家都讨厌它，就飞到神农身边。神农听见小鸟对他说:"叽叽,外公!叽叽,外公!"

神农嫌它吵得人心烦,就一抡胳膊"哇嗤——"地叫了一声,把小鸟撵飞了。但是,没多大一会儿,这小鸟又飞回到树上,又叫:"叽叽,外公!叽叽,外公!"

神农觉得非常奇怪,就拾起一块土圪垃,朝树上一扔,把小鸟吓飞了。但是没多大一会儿,小鸟又回到树上,又叫:"外公,叽叽!外公,叽叽!"

■神农采药图

神农这回听懂了,就把左胳膊一抬,说:"你要是我的外孙,就落到我的胳膊上来!"

小鸟真的就扑棱棱飞下来,落在了神农的左胳膊上。神农细看这小鸟,浑身翠绿、透明,连肚里的肠胃和东西也能看得一清二楚。

神农托着这只玲珑剔透的小鸟回到了家,大家一看,顿时吓得连连后退说:"快把它扔了,妖怪,快扔了……"

神农乐呵呵地说:"这不是妖怪,是宝贝哟!就叫它花蕊鸟吧!"

神农又把女儿花蕊吃过的12味药分开在锅里熬,他每熬一味,就喂小鸟一口,一边喂,一边看,看这味药到小鸟肚里往哪走,有啥变化。他自己再亲口尝一尝,体会这味药在肚里是啥滋味。十二味药给鸟喂

神农 五氏出现的最后一位神祇,我国古代神话人物。传说因为他的肚皮是透明的,可以看见各种植物在肚子里的反应。这样能分辨什么植物可以吃,什么植物不可以吃,他还亲尝百草,以辨别药物作用。并以此撰写了人类最早的著作《本草》、教人种植五谷、蓄养家畜,使中国农业社会结构完成。

茶 原为我国南方的嘉木，它是古代我国南方人民对饮食文化的贡献。三皇五帝时代的神农有以茶解毒的故事流传，黄帝则姓姬名茶，茶即古茶字。茶可食用、解百毒、常品易健康、长寿。经长久发展至今，茶品以顺为最佳，所以就有一句"茶乃天地之精华，顺乃人生之根本"，因此道家里有茶顺即为茗品。

完了，他也尝完了，12味药一共走了手足三阴三阳12经脉。

神农托着这只鸟上大山，钻老林，采摘各种草根、树皮、种子、果实，捕捉各种飞禽走兽、鱼鳖虾虫，挖掘各种石头矿物，他一样一样地喂小鸟，一样一样地亲口尝。

神农通过仔细观察，细心体会每味药喝了后在身子里各走哪一经，有何药性，各治什么病等。可是，不论哪味药都只在十二经脉里打圈圈，超不出这个范围。天长日久，神农就制定了人体的十二经脉，成为后来中医药的基础理论。

神农决定继续验证自然万物的功效，就手托着这只鸟走向更广阔的世界。他来到了太行山，当转到九九八十一天，来到了太行山的小北顶，捉到一个全冠虫喂小鸟，没想到这虫毒气太大，一下子把小鸟的肠子蚀断，小鸟死了。神农非常后悔，大哭了一场。后来，就选上好木料，照样刻了一只鸟，走到哪就带到哪。

有一次，神农把一棵草放到嘴里一尝，霎时天旋地转，一头栽倒。臣民们慌忙扶他坐起，他明白自己中了毒，可是已经不会说话了，只好用最后一点力气，指着面前一棵红亮亮的灵芝草，又指指自己的嘴巴。臣民们慌忙把那红灵芝放

■ 茶树

到嘴里嚼嚼，喂到他嘴里。神农吃了灵芝草，毒气解了，头不昏了，会说话了。从此，人们都说灵芝草能起死回生。

有一天，神农在采集奇花野草时，尝到一种草叶，使他口干舌麻，头晕目眩，于是他放下草药袋，背靠一棵大树斜躺休息。一阵风过，似乎闻到

神农塑像

一种清鲜香气，但不知这清香从何而来。

神农抬头一看，只见树上有几片叶子冉冉落下，这叶子绿油油的，出于好奇，遂信手拾起一片放入口中慢慢咀嚼，感到味虽苦涩，但有清香回甘之味，索性嚼而食之。食后更觉气味清香，舌底生津，精神振奋，头晕目眩减轻，口干舌麻渐消。

神农再拾几片叶子细看，其叶形、叶脉、叶缘均与一般树木不同，因而又采了些芽叶、花果而归。以后，神农将这种树定名为"茶树"，这就是茶的最早发现。神农被后人誉为茶祖，此后茶树渐被发掘、采集和引种，被人们用作药物，供作祭品，当作养生的饮料。

阅读链接

关于神农发现茶，还有一个传说，说是有一天，神农在生火煮水。当水烧开时，神农打开锅盖，忽见有几片树叶飘落在锅中，当即又闻到一股清香从锅中发出。他用碗舀了点汁水喝，只觉味带苦涩，清香扑鼻，喝后回味香醇甘甜，而且嘴不渴了，人不累了，头脑也更清醒了。于是神农依照"人"在"草""木"之间而为其定名为"茶"。

先秦两汉茶文化的萌芽

早在远古时代,人们从野生大茶树上砍下枝叶,采集嫩梢,生嚼鲜叶。后来发展为加水煮成羹汤饮用,这就是最早的原始粥茶法。用茶叶制成的菜肴清淡、爽口,既可增进食欲,又有降火、利尿、提

■茶树枝叶

■ 古代品茶图

神、去油腻、防疾病的功效，有益人体健康。

在我国商周时期，巴蜀地区就有以茶叶为"贡品"的记载。后来，东晋常璩的《华阳国志·巴志》记载："周武王伐纣，实得巴蜀之师，茶蜜皆纳贡之。"这一记载说明在武王伐纣时，巴国就已经以茶与其他珍贵产品纳贡与周武王了。《华阳国志》中还记载，那时已经有了人工栽培的茶园。

后来，唐代"茶圣"陆羽在《茶经》中说："茶之为饮，发乎神农氏，闻于鲁周公"。春秋战国时期所编著的我国最早的词典《尔雅》中，始有记载周公饮茶养颜保健的逸事。

春秋战国时期，我国学术上百家争鸣，儒家、道家都对后世茶文化产生了影响。

孔子所开创的儒家，在我国茶文化中主要发挥政治功能，制定茶的礼仪：站着敬茶时，双手要托住茶杯底座，两个大拇指轻轻压在杯盖上，面带微笑。用传统茶具喝茶时，要先用杯盖轻轻拨开漂浮的茶叶，

周公 周朝爵位，得爵者以辅佐周王治理天下。历史上的第一位周公名叫姬旦，也称叔旦，是周文王姬昌的第四子、周武王姬发的同母弟，因封地在周，故称周公或周公旦，为西周初期杰出的政治家、军事家、思想家和教育家，被尊为儒学奠基人。

> **葛玄** 东汉道教天师。字孝先，被尊称为葛天师，为道教灵宝派祖师。1104年封"冲应真人"；1246年封"冲应孚佑真君"。道教尊为葛仙翁，又称太极仙翁。在道教流派中与张道陵、许逊、萨守坚共为四大天师。

象征性地用杯盖挡住嘴巴，喝茶时不发出声音，以示文雅。

儒家认为，给别人倒茶时，也要用双手，人的身体微微向前倾，安静不出声。如果你是主人，给一桌子的宾客逐一斟茶，一定要以顺时针的顺序，因为按照古礼，逆时针的斟茶方式，通常表示主人在委婉地下逐客令。

道家思想则着眼于更大的宇宙空间，所谓"无为"，正是为了"有为"；柔顺，同样可以进取。水至柔，方能怀山襄堤；壶至空，才能含华纳水。

我国茶文化接受老庄思想甚深，强调天人合一，精神与物质的统一，这又为茶人们创造饮茶的美学意境提供了源泉活水。

春秋战国后期及西汉初年，曾发生了几次大规模的战争，人口大迁徙。特别在秦统一四川后，促进了

■ 茶树栽培

四川和其他各地的货物交换和经济交流。清人顾炎武在《日知录·茶》中即说："自秦人取蜀而后，始有茗饮之事。"认为饮茶始于战国时代。

在秦汉时期，四川的茶树栽培、制作技术及饮用习俗，开始向经济、政治、文化中心陕西、河南等地传播。陕西、河南成为我国最古老的北方茶区之一。其后沿长江逐渐向长江中、下游推移，再次传播到南方各省。

■ 古代制茶工艺

据史料载，汉王至江苏宜兴茗岭"课童艺茶"，汉朝名士葛玄在浙江天台山设"植茶之圃"，说明汉代四川的茶树已传播到江苏、浙江一带了。

在秦汉时期，四川产茶不仅初具规模，制茶方面也有改进，茶叶具有色、香、味的特色。并被用于多种用途，如药用、丧用、祭祀用、食用，或为上层社会的奢侈品。像武阳那样的茶叶集散市已经形成了。

如西汉著名辞赋家王褒《僮约》"烹茶尽具"的约定，是关于饮茶最早的可信记载。《僮约》中有"烹茶尽具""武阳买茶"，一般都认为"烹茶""买茶"之"茶"为茶。

王褒《僮约》中关于"武阳买茶"的故事，是说公元前59年农历正月里，资中人王褒寓居成都安志里一个叫杨惠的寡妇家里。杨氏家中有个名叫"便了"的髯奴，即多须的奴仆。王褒经常指派他去买酒，便

王褒 字子渊，汉朝著名文人，他的文学创作活动主要在汉宣帝时期，是我国历史上著名的辞赋家，写有《洞箫赋》等赋十六篇，《僮约》中关于茶事的描述，是我国，也是全世界最早的关于饮茶、买茶和种茶的记载。

■ 古代的制茶工具

司马相如（约前179—前118），西汉大辞赋家，杰出的政治家。他是我国文化史文学史上杰出的代表。工辞赋，其代表作品为《子虚赋》。作品辞藻富丽，结构宏大，使他成为汉赋的代表作家，后人称之为"赋圣"和"辞宗"。他与卓文君的爱情故事也广为流传。

了因王褒是外人，对于替他跑腿心里很是不情愿，又怀疑他可能与杨氏有暧昧关系，心里更是老大的不乐意。

有一天，髯奴跑到主人的墓前倾诉不满，说："大夫您当初买便了时，只要我看守家里，并没要我为其他男人去买酒。"

王褒得知此事后，当时就气不打一处来，一怒之下，便在正月十五元宵节这一天，以一万五千钱从杨氏的手中买下便了为奴。

便了跟了王褒以后，心里更是极不情愿，可是又无可奈何。于是他在写契约的时候便向王褒提出："既然事已如此，您也应该向当初杨家买我时那样，将以后凡是要我干的事明明白白地写在契约里，要不然我可不干。"

王褒擅长辞赋，精通六艺，为了教训便了，使他服服帖帖的，便信笔写下了一篇长约600字的题为《僮约》的契约，列出了名目繁多的劳役项目和干活时间的安排，使便了从早到晚不得空闲。

契约上繁重的活儿使便了实在是难以负荷下去。于是他痛哭流涕地向王褒求情说："照此下去，恐怕我马上就会累死进黄土了，早知如此，情愿给您天天去买酒。"

这篇《僮约》从文辞的语气上看，不过是王褒的消遣之作，文中不乏揶揄、幽默之句。但是王褒就在这不经意中，竟然为我国茶史留下了非常重要的史实记录。

王褒《僮约》中的"烹茶尽具"便是规定在家中来客之后烹茶敬客。

另据唐外史《欢婚》记载：

> 相如琴乐文君，无茶礼，文君父怒不待，相如无猜中官，文君忌怀，凡书必茶，悦其水容乃如家。

这是关于司马相如娶

卓文君 原名文后，西汉临邛人，汉代才女。她善鼓琴，好音律，也擅长诗歌创作，其代表作品有《白头吟》《诀别书》等。卓文君与汉代著名文人司马相如的一段爱情佳话至今还被人津津乐道。她也有不少佳作流传后世。其中以"愿得一心人，白首不相离"一句传为佳话。

■ 卓文君为客人上茶图

战国捧茶侍女木俑

卓文君时只是用了琴音就做成了事，没有按传统规矩向卓王孙家兴茶礼正娶。卓文君的父亲气愤之下决定不在任何场所接待司马相如，而且写信要求司马相如只要是在读书或写书都得品茶，见到茶水就会好比见到卓文君一样，同时也仿佛回到了家一样。

司马相如曾经编写了一本少儿识字读物《凡将篇》，这里面刚好有个"荈"字，也就是各种茶叶史书常提出的最早的"茶"字。

还有在汉赋写作上可与司马相如并称为"扬马"的扬雄，他编写了一本叫《方言》的书，书中记述："蜀西南人谓荼曰蔎。"虽然只有短短的8个字，但是它的意义却是相当深远的。

最早对茶有过记载的王褒、司马相如、扬雄均是蜀人，可见是巴蜀之人发明饮茶。

阅读链接

我国的饮茶始于西汉，而饮茶晚于茶的食用、药用，发现茶和用茶更远在西汉以前，甚至可以追溯到商周时期。茶为贡品、为祭品，在周武王伐纣时、或者在先秦时就已出现，而茶作为商品则是在西汉时才出现的。

茶叶在西周时期被作为祭品使用，到了春秋时代茶鲜叶被人们作为菜食，而战国时期茶叶作为治病药品，到西汉时期茶叶已成为当时主要的商品之一。

三国两晋的饮茶之风

两汉时期，茶作为四川的特产，通过进贡的渠道，首先传到京都长安，并逐渐向当时的政治、经济、文化中心陕西、河南等地区传播。此外，四川的饮茶风尚沿水路顺长江而传播到长江中下游地区。

汉代上茶仆人

■ 古代制茶工艺

从西汉直到三国时期，在巴蜀之外，茶是供上层社会享用的珍品，饮茶仅限于王公贵族，民间则很少饮茶。地处成都平原西部边缘的大邑县，素有"七山一水两分田"的称谓，丘陵山地茶树似海浪，棵棵青茶绿如涓滴。

江南初次饮茶的记录始于三国，据西晋史学家陈寿《三国志·吴志·韦曜传》载：吴国的第四代国君孙皓，嗜好饮酒，每次设宴，来客至少饮酒七升。但是他对博学多闻而酒量不大的朝臣韦曜甚为器重，常常破例。每当韦曜难以下台时，他便"密赐荼荈以代酒"。这是"以茶代酒"的最早记载。

在两晋、南北朝时期，茶量渐多，有关饮茶的记载也多见于史册。入晋后，茶叶逐渐商品化，茶叶的产量也增加，人们不再将茶视为珍贵的奢侈品了。茶叶成为商品后，为求得高价出售，于是对茶叶进行精工采制以提高质量。南北朝初期，以上等茶作为贡品。

西晋诗人张载《登成都白菟楼》诗云："芳茶冠六清，溢味播九区。"说成都的香茶传遍九州。又据假托黄帝时桐君的《桐君录》记："西阳、武昌、庐江、晋陵皆出好茗。巴东别有真香茗。"

陈寿（233—297），字承祚。三国西晋著名史学家。少时好学，师事同郡学者谯周，在蜀汉时曾任卫将军主簿、东观秘书郎、观阁令史、散骑黄门侍郎等职。晋灭吴结束了分裂局面后，陈寿历经10年艰辛完成了纪传体史学巨著《三国志》，完整地记叙了自汉末至晋初近百年间我国由分裂走向统一的历史全貌。

晋干宝《搜神记》："夏侯恺字万仁，因病死，……如坐生时西壁大床，就人觅茶饮。"这虽是虚构的神异故事，但也反映普通人家的饮茶事实。

晋陶渊明《搜神后记》中也说："晋孝武世，宣城人秦精，常入武昌山中采茗。"晋王浮《神异记》："余姚人虞洪入山采茗。"说明在两晋时期，湖北、安徽、江苏、浙江这些地区已出产茶叶。

两晋时期，饮茶由上层社会逐渐向中下层传播。《广陵嗜老传》："晋元帝时有老姥，每旦独提一器茗，往市鬻之，市人竞买。"老姥每天早晨到街市卖茶，市民争相购买，反映了平民的饮茶风尚。

在南朝宋山谦之所著的《吴兴记》中，载有："浙江乌程县西二十里，有温山，所产之茶，转作进贡之用。"

汉代，佛教自西域传入我国，到了南北朝时更为

> 陶渊明（约365—427），字元亮，又名潜，号五柳先生，世称靖节先生，东晋末期南朝宋初期诗人、文学家、辞赋家、散文家、田园诗派创始人。曾做过几年小官，后因厌烦官场辞官回家，从此隐居，田园生活是陶渊明诗的主要题材，相关作品有《饮酒》《归园田居》《桃花源记》等。

■ 坐禅杯

> **慧远**（334—416），俗姓贾，出生于世代书香之家。居庐山，与刘遗民等同修净土，为净土宗之始祖。从小资质聪颖，勤思敏学，十三岁时便随舅父令狐氏游学许昌、洛阳等地。精通儒学，旁通老庄。二十一岁时发心舍俗出家，随从道安法师修行。

盛行。佛教提倡坐禅，饮茶可以镇定精神，夜里饮茶可以驱睡，茶叶又和佛教结下了不解之缘。茶之声誉逐渐驰名于世。因此，一些名山大川僧道寺院所在的山地和封建庄园都开始种植茶树。

《晋书·艺术传》记："单道开，敦煌人也。……时夏饮茶苏，一二升而已。"单道开乃佛徒，曾住后赵京城邺城的法琳寺、临漳县的昭德寺，后率弟子渡江至晋都城建业，又转去南海各地，最后殁于广东罗浮山。他在昭德寺首创禅室，坐禅其中，昼夜不卧，饮茶却睡解乏以禅定。

晋僧怀信《释门自镜录》："跣足清淡，袒胸谐谑，居不愁寒暑，食不择甘旨，使唤童仆，要水要茶。"魏晋之际，析玄辩理，清谈风甚。佛教初传，依附玄学。佛徒追慕玄风，煮茶品茗，以助玄谈。

宋代的《续名僧录》中说："宋释法瑶，姓杨

■ 寺庙里的茶院

道教茶艺

氏,河东人……年垂悬车,饭所饮茶。"法瑶是东晋名僧慧远的再传弟子,著名的涅槃师。法瑶性喜饮茶,每饭必饮茶。

"新安王子鸾,鸾弟豫章王子尚诣昙济道人于八公山,道人设茶茗,子尚味之曰:'此甘露也,何言荼茗。'"昙济十三岁出家,拜鸠摩罗什弟子僧导为师。他从关中来到寿春创立了成实师说的南系"寿春系"。

昙济曾著《六家七宗论》。他在八公山东山寺住了很长时间,后移居京城的中兴寺和庄严寺。两位王子拜访昙济,昙济设茶待客。佛教徒以茶资修行,单道开、怀信、法瑶开"茶禅一味"之先河。

道教创始于汉末晋初的张角,于是茶成为道教徒的首选之药,道教徒的饮茶与服药是一致的。南朝著名道士陶弘景《杂录》记:"苦茶轻身换骨,昔丹丘子、黄山君服之。"丹丘子、黄山君是传说中的神仙人物,他们说饮茶可使人"轻身换骨"。

晋惠帝时著名道士王浮的《神异记》:"余姚人虞洪入山采茗,遇一道士,牵三青牛,引洪至瀑布曰:'予丹邱子也,闻子善具饮,

■黄山毛峰

常思见惠。山中有大茗可以相给，祈子他日有瓯牺之余，乞相遗也。'"神仙丹丘子都向虞洪乞茶喝，这大大提高了茶的地位。

我国许多名茶有相当一部分是佛教和道教胜地最初种植的，如四川蒙顶、庐山云雾、黄山毛峰，以及天台华顶、雁荡毛峰、天日云雾、天目云雾、天目青顶、径山茶、龙井茶等，都是在名山大川的寺院附近出产的。佛教和道教信徒们对茶的栽种、采制、传播起到了一定的推动作用。

南北朝以后，士大夫之流逃避现实，崇尚清淡，品茶赋诗，使得茶叶消费量增加。茶在江南成为一种"比屋皆饮""坐席竞下饮"的普通饮料，茶在江南已然成为一种待客的礼节。

王濛是晋代人，官至司徒长史，他特别喜欢喝茶，不仅自己一日数次喝茶，而且有客人来，便一定要客人同饮。当时，士大夫中还多不习惯饮茶。因此，去王濛家时，大家总有些害怕，每次临行前就戏称"今日有水厄"。

东晋时期，茶成为建康和三吴地区的一般待客之物，据刘义庆《世说新语》载，任育长随晋室南渡以后，很是不得志。有一次，他到建康，当时一些名士便在江边迎候。谁知他刚一坐下，就有人送上茶来。

> **刘义庆**（403—444），字季伯，南朝宋时文学家。刘义庆自幼才华出众，爱好文学。《世说新语》是一部笔记小说集，此书不仅记载了自汉魏至东晋士族阶层言谈、逸事，反映了当时士大夫们的思想、生活和清谈放诞的风气，而且其语言简练，文字生动鲜活，因此自问世以来，便受到文人的喜爱和重视。

任育长是中原人，对茶还不是很熟悉，只是听人说过。看到有茶上来，便问道："此为茶为茗？"

江东人一听此言，觉得很奇怪，心说：这人怎么连茗就是茶都不知道呢？任育长见主人一脸的疑惑，知道自己说了外行话，于是赶忙掩饰说："我刚才问，是热的还是冷的。"

在两晋时期，茶饮是清谦俭朴的标志。据《晋中兴书》载，陆纳做吴兴太守时，卫将军谢安准备去访问他，陆纳让下人只是准备了茶饮接待谢安。陆纳的侄子陆俶见叔叔没有准备丰盛的食品，心中不觉暗暗责备，但又不敢问。于是，陆俶就擅自准备了十多个人用餐的酒菜招待谢安。事后，陆纳大为恼火，认为侄子的行为玷污了自己的清名，于是下令狠狠地打了陆俶40大板。

在《晋书·桓温传》中，也记载有"桓温为扬州牧，性俭，每宴惟下七奠，茶果而已。"

两晋时期，茶饮广泛进入祭礼。在南朝宋刘敬叔撰写的志怪小说集《异苑》中记有一个传说。说剡县陈务妻，年轻的时候和两个儿子寡居。陈家的院子里有一座古坟，每次饮茶时，陈务妻都要先在坟前浇祭茶水。两个儿子对此很讨厌，想把古坟平掉，母亲苦苦劝说才止住。

> 谢安（320—385），字安石，东晋著名政治家、宰相，多才多艺，善行书，通音乐，对儒、佛、玄学均有较高的素养。他性情闲雅温和，处事公允明断，不专权树私，不居功自傲，有宰相气度、儒将风范，这些都是谢安为人称道的品格。

■ 品茶雕塑

■古代茶具

有一天在梦中，陈务妻见到一个人，这个人对她说："我埋在此地已经有三百多年了，蒙你竭力保护，又赐我好茶，我虽然是地下朽骨，但不会忘记报答你的。"

陈务妻从梦中醒来，就再也睡不着了。

终于等到天亮，陈务妻起来后，来到院子里，突然发现在院子中有十万钱！陈务妻惊呆了，一时间不知该如何是好。她赶忙把这事告诉了两个儿子，两个人感到很惭愧。从此以后，一家人祭祷得就更勤了。

南北朝时期，以茶作祭已进入上层社会。《南齐书·武帝本纪》载：493年7月，齐武帝下了一封诏书，诏曰："我灵上慎勿以牲为祭，唯设饼、茶饮、干饭、酒脯而已，天下贵贱，咸同此制。"

齐武帝萧颐，是南朝比较节俭的少数统治者之一。他立遗嘱时，把茶饮等物作为祭祀标准，把民间的礼俗用于统治阶级的丧礼之中，此举无疑推广和鼓励了这种制度。

杨炫之 北魏散文家。曾任抚军府司马、秘书监、期城郡太守等职。博学能文，精通佛教经典。547年，杨衒之行经洛阳，正值兵乱之后，目睹贵族王公耗费巨资所建之佛寺已多成废墟，深有所感，乃著《洛阳伽蓝记》一书，成为北朝文坛上的旷世杰作。

北魏杨衒之的《洛阳伽蓝记》卷三记载了王肃善饮茶的故事："肃初入国，不食羊肉及酪浆，常饭鲫鱼羹，渴饮茗汁。……时给事中刘镐，慕肃之风，专习茗饮。"北朝人原本渴饮酪浆，但受南朝人的影响，如刘镐等，也开始喜欢上饮茶了。

王肃，字恭懿，琅琊人。曾在南朝齐任秘书丞。因父亲王奂被齐国所杀，便从建康投奔魏国。魏孝文帝随即授他为大将军长史。后来，王肃为魏立下战功，得"镇南将军"之号。魏宣武帝时，官居宰辅，累封昌国县侯，官终扬州刺史。

王肃在南朝时，喜欢饮茶，到了北魏后，虽然没有改变原来的嗜好，但同时也很会吃羊肉奶酪之类的北方食品。当人问"茗饮何如酪浆？"时，王肃认为茶是不能给酪浆做奴隶的。意思是茶的品位并不在奶酪之下。

三国吴和东晋均定都现在的南京，由于达官贵人，特别是东晋北方士族的集结、移居，今苏南和浙江的所谓江东一带，在这一政治和经济背景下，作为茶业发展新区，其茶业和茶文化在这一阶段中，较之全国其他地区有了更快发展。

> **阅读链接**
>
> 三国两晋时期，我国形成饮茶之风，而文人关于茶的著述颇丰。如《搜神记》《神异记》《搜神后记》《异苑》等志怪小说集中便有一些关于茶的故事。
>
> 左思的《娇女诗》、张载的《登成都白菟楼》诗、王微的《杂诗》是最早的茶诗。南北朝时女文学家鲍令晖撰有《香茗赋》，惜散佚。
>
> 西晋杜育的《荈赋》是文学史上第一篇以茶为题材的散文，才辞丰美，对后世的茶文学创作颇有影响。宋代吴俶《茶赋》称："清文既传于杜育，精思亦闻于陆羽。"可见杜育《荈赋》在茶文化史上的影响。

趋于成熟的唐代茶文化

唐人刘禹锡易茶图

唐朝一统天下，修文息武，重视农作，促进了茶叶生产的发展。由于国内太平，社会安定，百姓能够安居乐业。

随着农业、手工业生产的发展，茶叶的生产和贸易也迅速兴盛起来，成为我国茶史上第一个高峰。

当时，茶叶产地分布在长江、珠江流域和陕西、河南等十多个区域的诸多州郡，当时，以武夷山茶采制而成的蒸青团茶极负盛名。

中唐以后，全国有七十多州产茶，辖三百四十多县。唐代是我国种茶、饮茶以及茶文化发展的鼎盛时期。茶叶逐渐从皇宫内院走入了寻常百姓之家，饮茶之风遍及全国。有的地方户户饮茶，已成民间习俗。

同时，无论是宫廷茶艺、宗教茶艺、文士茶艺和民间茶艺，不论在茶艺内涵的理解上还是在操作程序上，都已趋于成熟，形成了各具特色的饮茶之道。

■唐代女子制茶图

唐朝饮茶之风的兴起，促使了"茶圣"陆羽的横空出世。陆羽在其著名的《茶经》中，对茶的提法不下10余种，其中用得最多、最普遍的是"茶"。

在我国古代，茶的名称很多。在公元前2世纪，西汉司马相如的《凡将篇》中提到的"荈诧"就是茶。西汉末年，扬雄的《方言》中，称茶为"蔎"；在《神农本草经》中，称之为"荼草"或"选"；南朝宋谦之的《吴兴记》中称为"荈"；东晋裴渊的《广州记》中称之谓"皋芦"。此外，还有"诧""茗""荈"等称谓，均认为是茶的异名同义字。由于茶事的发展，指茶的"荼"字使用越来越多。

陆羽在写《茶经》时，将"荼"字减少一画，改写为"茶"，并归纳说："……其名，一曰茶，二曰槚，三曰蔎，四曰茗，五曰荈。"从此，在古今茶学书中，茶字的形、音、义也就固定下来了。

关于陆羽善茶道还有一个有趣的故事：

郡 古代行政区域，始见于战国时期。秦代以前比县小，从秦代起比县大，叫郡县。秦统一天下设三十六郡，后汉起，郡成为州的下级行政单位，介于州刺史部、县之间。隋朝废郡制，以县直隶于州。唐武则天时曾改州为郡，很快又恢复了。明清时代称府。秦统一天下设三十六郡，后汉起，郡成为州的下级行政单位，介于州刺史部、县之间。

■ 古籍《茶经》

李豫（726—779），唐肃宗长子。初名俶，原封广平王，后改封楚王、成王，唐朝第八位皇帝，在位17年。763年平定了安史之乱。安史之乱结束，大唐开始走向衰落。779年去世，庙号代宗，谥号睿文孝武皇帝，葬于元陵。

唐朝代宗皇帝李豫喜欢品茶，宫中也常常有一些善于品茶的人供职。

有一次，陆羽的师父竟陵积公和尚被召到宫中。宫中煎茶的能手用上等的茶叶煎出一碗茶，请积公品尝。积公饮了一小口，便再也不尝第二口了。皇帝问他为何不饮，积公回答说："我所饮之茶，都是弟子陆羽为我煎的。饮过他煎的茶后，旁人煎的就觉淡而无味了。"

李豫听罢，就把积公的话记在心里了。随后，李豫便派人四处寻找陆羽，终于在吴兴县苕溪的天杼山上找到了他，并把他召到了宫中。

皇帝李豫见陆羽其貌不扬，说话还有点儿结巴，但从言谈中可以看出他学识渊博，出言不凡，甚感高兴。于是当即命陆羽煎茶。

陆羽将带来的清明前采制的紫笋茶精心煎后，献给皇帝李豫。皇帝闻之，果然茶香扑鼻，茶味鲜醇，清汤绿叶，果然与众不同。

李豫连忙命陆羽再煎一碗，让宫女送到书房给积公和尚去品尝。积公接过茶碗，刚喝了一口，便连叫"好茶"，于是一饮而尽。

积公放下茶碗后，走出书房，连声喊道："渐儿何在？"皇帝忙问："你怎么知道陆羽来了？"积公答道："我刚才饮的茶，只有他才能煎得出来，当然是到宫中来了。"

由此可见陆羽精通茶艺非同一般。

在唐代，喜茶之人甚多。唐武宗时，宰相李德裕善于鉴水别泉。据北宋诗人唐庚《斗茶记》载："唐相李卫公，好饮惠山泉，置驿传送不远数千里。"这种送水的驿站称为"水递"。

时隔不久，有一位老僧拜见李德裕，说相公要饮惠泉水，不必到无锡去专递，只要取京城的昊天观后的水就行。

李德裕大笑其荒唐，于是暗地里让人取一罐惠泉水和昊天观水一罐，做好记号，并与其他各种泉水一起送到了老僧住处，请他品鉴，让他从中找出惠泉水来。

老僧一一品赏之后，从中取出两罐。李德裕揭开记号一

> 李德裕（787—849），字文饶，与其父李吉甫均为晚唐名相。执政期间外平回鹘、内定昭义、裁汰冗官，功绩显赫。会昌时进封太尉、赵国公。唐武宗与李德裕之间的君臣相知成为晚唐之绝唱。

■ 茶圣陆羽塑像

> **茶德** 指饮茶人的道德要求和茶自身所具备的美德，如理、敬、清、融、和、俭、静、洁、美、健、性、伦等等，从不同的角度阐述饮茶人的应用的道德要求，强调通过饮茶的艺术实践过程，引导饮茶人完善个人的品德修养，实现人类共同追求和谐、健康、纯洁与安乐的崇高境界。

看，正是惠泉水和昊天观水，李德裕大为惊奇，不得不信。于是，再也不用"水递"来运输惠泉水了。

为了适应消费需求，自唐至宋，贡茶兴起，成立了贡茶院，即制茶厂，组织官员研究制茶技术，从而促使茶叶生产不断改革。

在唐代，蒸青作饼已经逐渐完善，陆羽《茶经三之造》记述："晴，采之。蒸之，捣之，拍之，焙之，穿之，封之，茶之干矣。"也就是说，此时完整的蒸青茶饼制作工序为：蒸茶、解块、捣茶、装模、拍压、出模、列茶晾干、穿孔、烘焙、成穿、封茶。

唐代制茶技术得到了一定程度的发展。在陆羽著《茶经》之前，人们已经把茶饼研成细末，再加上葱、姜、橘等调料倒入罐中煎煮来饮。

后陆羽提倡自然煮茶法，去掉调料，人们开始对水品、火品、饮茶技艺非常讲究。

■ 大唐贡茶院

在《茶经》中，陆羽提出了"茶德"的思想。陆羽云："茶之为用，味至寒，为饮最宜精行俭德之人。"将茶德归之于饮茶人的应具有俭朴之美德，不单纯将饮茶看成仅仅是为满足生理需要的饮品。

■陆羽著作《茶经》

唐末刘贞亮在《茶十德》一文中，扩展了茶德的内容，即"以茶利礼仁，以茶表敬意，以茶可雅心，以茶可行道"，提升了饮茶的精神需求，包括人的品德修养，并扩大到和敬待人的人际关系上。

我国首创的茶德观念，在唐宋时代传入日本和朝鲜后，产生了巨大影响并得到发展。日本高僧千利休提出的茶道基本精神和、敬、清、寂，本质上就是通过饮茶进行自我思想反省，在品茗的清寂中拂除内心和尘埃和彼此间的介蒂，达到和敬的道德要求。

朝鲜茶礼仪倡导的清、敬、和、乐，强调中正精神，也是主张纯化人的品德的我国茶德思想的延伸。

在我国佛教禅宗，有一句禅林法语"吃茶去"，这与唐代赵州禅师有关。唐代赵州观音寺高僧从谂禅师，人称"赵州古佛"，他喜爱茶饮，到了唯茶是求的地步，因而也喜欢用茶作为机锋语。

当时，有两位僧人从远方来到赵州，向赵州禅师请教何为禅。赵州禅师问其中的一个："你以前来过吗？"

那个人回答："没有来过。"赵州禅师说："吃茶去！"赵州禅师转向另一个僧人，问："你来过吗？"这个僧人说："我曾经来过。"赵州禅师说："吃茶去！"

■ 陆羽茶社

赵州禅师（778—897），法号从谂，是禅宗史上一位震古烁今的大师。他幼年出家，后得法于南泉普愿禅师，为禅宗六祖惠能大师之后的第四代传人。弘法传禅达40年，僧俗共仰，为丛林模范，人称"赵州古佛""赵州眼光烁破天下"。

这时，引领那两个僧人到赵州禅师身边来的监院就好奇地问："禅师，怎么来过的你让他吃茶去，未曾来过的你也让他吃茶去呢？"

赵州禅师称呼了监院的名字，监院答应了一声，赵州禅师说："吃茶去！"

禅宗讲究顿悟，认为何时何地何物都能悟道，极平常的事物中蕴藏着真谛。茶对佛教徒来说，是平常的一种饮料，几乎每天必饮，因而，从谂禅师以"吃茶去"作为悟道的机锋语，对佛教徒来说，既平常又深奥，能否觉悟，则要靠自己的灵性了。

当时，在唐朝的国都长安荟萃了大唐的茶界名流、文人雅士，他们办茶会、写茶诗、著茶文、品茶论道、以茶会友。

高僧皎然在《饮茶歌诮崔世使君》一诗中写道：

一饮涤昏寐,情思爽朗满天地。
再饮清我神,忽如飞雨洒轻尘。
三饮便得道,何须苦心破烦恼。
此物清高世莫知,世人饮酒多自欺。

唐代饮茶诗中最著名的要算是卢仝《走笔谢孟谏议寄新茶》诗中所论述的七碗茶了:

一碗喉吻润。二碗破孤闷。三碗搜枯肠,唯有文字五千卷。四碗发轻汗,平生不平事,尽向毛孔散。五碗肌骨清。六碗通仙灵。七碗吃不得也,唯觉两腋习习清风生。蓬莱山,在何处,玉川子,乘此清风欲归去……

喝了七碗茶,就能变成神仙了,这样的茶、这样的情思真是妙极了。历代诗人的咏茶诗有很多,但是卢仝的这首诗堪称是咏茶诗中最著名的一首,其人也因此诗而名传于世。

在晚唐时期,茶还有了另外一个别名,叫"苦口师"。晚唐著名诗人皮日休之子皮光业,自幼聪慧,十岁能作诗文,颇有家风。皮

> 皎然(720—804),俗姓谢,字清昼,我国山水诗创始人谢灵运的后代,是唐代最有名的茶僧。他的《诗式》为当时诗格一类作品中较有价值的一部。其诗清丽闲淡,多为赠答送别、山水游赏之作。在文学、佛学、茶学等许多方面有深厚造诣,堪称一代宗师。

■唐人茶宴图

光业容仪俊秀，善谈论，气质倜傥，如神仙中人。吴越天福二年，即公元937年拜丞相。

有一天，皮光业的中表兄弟请他品赏新柑，并设宴款待。这一天，朝廷显贵云集，筵席殊丰。皮光业一进门，对新鲜甘美的橙子视而不见，急呼要茶喝。

于是，侍者只好捧上来一大瓯茶汤，皮光业手持茶碗，即兴吟道："未见甘心氏，先迎苦口师。"此后，茶就有了"苦口师"的雅号了。

关于唐代的饮茶之习，中唐封演《封氏闻见记》卷六饮茶记载了当时社会饮茶的情况。封演认为禅宗促进了北方饮茶的形成，唐代开元以后，各地"茶道"大行，饮茶之风弥漫朝野，"穷日竟夜"，"遂成风俗"，且"流于塞外"。

晚唐杨华《膳夫经手录》载："至开元、天宝之间，稍稍有茶；至德、大历遂多，建中以后盛矣。"陆羽《茶经六之饮》也称："滂时浸俗,盛于国朝两都并荆俞间,以为比屋之饮。"杨华认为茶始兴于玄宗朝,肃宗、代宗时渐多,德宗以后盛行。

在五代后晋时官修的《旧唐书·李玉传》记载:"茶为食物,无异米盐,于人所资,远近同俗,既怯竭乏,难舍斯须,田间之间,嗜好尤甚。"茶于人来说如同米、盐一样不可缺少,田间农家尤其嗜好。

唐代饮茶风尚盛行,带动了茶具的发展繁荣,各地茶具也自成体系。茶具不仅是饮茶过程中不可缺少的器具,并有助于提高茶的色、香、味,具有实用性,而且,一件高雅精致的茶具,本身又富含欣赏价值,且有很高的艺术性。陆羽《茶经·四之器》中列出二十八种茶具,按功用可分为煮茶器、碾茶器、饮茶器、藏茶器等。

> **越窑** 是我国古代最著名的青瓷窑系。东汉时,中国最早的瓷器在越窑的龙窑里烧制成功,因此,越窑青瓷被称为"母亲瓷"。越窑持续烧制了1000多年,于北宋末、南宋初停烧,是我国持续时间最长、影响范围最广的窑系。越瓷胎骨较薄,施釉均匀,釉色青翠莹润,光彩照人。不但是供奉朝廷的贡品之一,又是唐代的一种重要的贸易陶瓷。

■唐人茶宴图

当时南北瓷窑生产大量茶具,以越窑和邢窑为代表,形成"南青北白"的局面,此外长沙窑、婺州窑、寿州窑、洪州窑、岳州窑等也出产茶具。

唐代以煮茶为主,因此茶具主要有茶釜、茶瓯、茶碾、盏托和执壶。长沙窑的"荼"碗和西安王明哲墓出土的器底墨书"老□家茶社瓶"执壶是典型的茶具。除陶瓷外,唐代的金、银、漆、琉璃等其他材质的茶具也各具特色,如陕西扶风法门寺地宫的银质镏金茶具,足见皇室饮茶场面的气派。

因为茶宜"乘热连饮",茶碗很烫,所以要在碗下加托。西安唐代曹惠琳墓出土有白瓷盏托以及在当地发现的7件银质镏金茶托,刻铭中自名为"浑金涂茶拓子"。这些茶托上的托圈较低,与晚唐茶托制式不同。

晚唐时,茶托上的托圈已增高,有的是在托盘上加了一只小碗,湖南长沙铜官窑、浙江宁波和湖北黄石的唐墓中均曾有这类茶托。托上所承之茶碗,为圈足、玉璧足或圆饼状实足的各种弧壁或直壁之碗。长沙石渚窑的唐青釉圆口弧壁碗,有的自名为"荼"。

阅读链接

唐代饮茶之风盛行,同唐朝国力的鼎盛有很大的关系。陆羽《茶经》认为当时的饮茶之风扩散到民间,以东都洛阳和西都长安及湖北、山东一带最为盛行,都把茶当作家常饮料。《茶经》《封氏闻见记》《膳夫经手录》关于饮茶发展和普及的情况基本一致。开元以前,饮茶不多,开元以后,举凡王公朝士、三教九流、士农工商,无不饮茶。不仅中原广大地区饮茶,而且边疆少数民族地区也饮茶。甚至出现了茶水铺,自邹、齐、沧、棣,渐至京邑城市,多开店铺,煎茶卖之。不问道俗,投钱便可取茶饮用。

空前繁荣的宋代茶文化

宋承唐代饮茶之风,日益普及。"茶兴于唐而盛于宋"。两宋的茶叶生产,在唐朝至五代的基础上逐步发展起来,全国茶叶产区又有所扩大,各地精制的名茶繁多,茶叶产量也有了大量增加。

宋梅尧臣在其《南有嘉茗赋》说:"华夷蛮豹,固日饮而无厌,富贵贫贱,亦时啜无厌不宁。"宋吴自牧《梦粱录》卷十六"鳌铺"载:"盖人家每日不可阙者,柴米油盐酱醋茶。"自宋代始,茶就成为开门"七件事"之一。

宋代茶业的发展,推动了茶叶文化的发展,在文人中出现了专业品茶社团,有官员

宋代进茶图

■ 宋人喝茶蜡像

组成的"汤社"、佛教徒的"千人社"等。

宋太祖赵匡胤是位嗜茶之士，在宫廷中设立茶事机关，宫廷用茶已分等级。茶仪已成礼制，赐茶已成皇帝笼络大臣、眷怀亲族的重要手段，还赐给国外使节。

宋徽宗赵佶对茶进行过深入研究，他还写成了茶叶专著《大观茶论》一书，序云：

> 缙绅之士，韦布之流，沐浴膏泽，薰陶德化，盛以雅尚相推，从事茗饮。顾近岁以来，采择之精，制作之工，品第之胜，烹点之妙，莫不盛造其极。

《大观茶论》对茶的产制、烹试及品质各方面都有详细的论述，从而也推动了饮茶之风的盛行。

在宋代，茶已成为当时民众日常生活中的必需品。宋李觏《盯江集卷十六·富国策一十》云："茶并非古也，源于江左，流于天下，浸淫于近世，君子小人靡不嗜也，富贵贫贱靡不用也。"意思是说，无论君子小人、富贵贫贱，都喜欢饮茶。与柴米油盐酱醋一样，茶成为当时人们的日常生活用品。

李觏（1009—1059），字泰伯，北宋儒家学者、著名的思想家、哲学家、教育家、诗人。博学通识，尤长于礼。他不拘泥于汉、唐诸儒的旧说，敢于抒发己见，推理经义，成为"一时儒宗"。

宋代文学家、政治家王安石也说："夫茶之用，等于米盐，不可一日以无。"

宋代文学家、政治家及诗人范仲淹，极嗜饮茶，对茶的功效曾给予高度评价。他的《贺章岷从事斗茶歌》以夸张的手法，赞美茶的神奇功效："众人之浊我可清，千日之醉我可醒，不如仙山一啜好，泠然便欲乘风飞"。他把茶看作胜过美酒和仙药，啜饮之后可飘然升天，这与唐代卢仝的《七碗茶歌》的思想境界有异曲同工之妙。

宋时，气候转冷，常年平均气温比唐代低一些，特别是在一次寒潮袭击下，众多的茶树受到冻害，茶叶减产。湖州顾渚的贡茶不能及时生产，无法在清明节之前运到京城汴京，于是就将生产贡茶的任务南移，交由福建的建安来完成。并在建安的北苑设立专门机构生产供皇宫御用的贡茶，主要是生产制作精美的龙凤茶。

宋代饮茶之风非常盛行，特别是王公贵族们，经常举行茶宴，皇帝也常在得到贡茶之后举行茶宴招待群臣，以示恩宠。

科举考试是宋朝的一件大事，皇帝或皇后都会向考官及进士赐茶。如宋哲宗赐茶饼给考官张舜民，张舜民将所赐茶分给亲

> **卢仝**（约795—835），唐代诗人，"初唐四杰"之一卢照邻的子孙。早年隐少室山，自号玉川子。他刻苦读书，博览经史，工诗精文，不愿仕进。后迁居洛阳。卢仝性格狷介，如同孟郊；但其狷介之性中更有一种雄豪之气，又近似韩愈。是韩孟诗派重要人物之一。

■《宋人斗茶图》

■ 宋代斗茶

友都不够，由此可见赐茶的珍贵。

再如宋仁宗的光献皇后向进士赐茶。王巩《甲申杂记》："仁宗朝，春试进士咸聚集英殿，后妃御太清楼观之。慈圣光献出饼角子以赐进士，出七宝茶以赐考试官。"

以建茶为贡，并非始自宋代，早在五代闽和南唐时就开始了。而其制茶技术日益成熟，品相兼优，名冠全国，还是宋代的事情。

宋代著名书法家蔡襄是福建仙游人，官至端明殿学士，精于品茗、鉴茶，也是一位嗜茶如命的茶博士。据说蔡襄挥毫作书必以茶为伴。这样一位十分喜爱饮茶，尤其是对福建茶业有过重要贡献的朝廷命官，称得上是一位古代的茶学家。

蔡襄的《茶录》以记述茶事为基础，分上下两篇。上篇茶证："论茶的色、香、味、藏茶、炙茶、碾茶、罗茶、点茶"；下篇器论："论茶焙、茶笼、

蔡襄（1012—1067），字君谟，先后在宋朝中央政府担任过馆阁校勘、知谏院、翰林学士、三司使、端明殿学士等职，为人忠厚、正直，讲究信义，且学识渊博，书艺高深，书法史上论及宋代书法，素有"苏、黄、米、蔡"四大书家的说法，蔡襄书法以其浑厚端庄，淳淡婉美，自成一体。

砧椎、茶碾、茶盏、茶匙、汤瓶"。《茶录》是我国茶文化历史中不可多得的专著。

在宋代，徽州成为重要的产茶区，其产量约2.3万担，其制茶工序大致为：蒸茶、榨茶、研茶、造茶、过茶、烘茶六道，成品茶为"蒸青团茶"。这种制茶方法，不但工序复杂，加工量小，而且茶叶香气与滋味也欠佳。由此，徽州谢家就发明了一种"先用锅炒茶，再用手或木桶揉茶，最后用烘笼烘茶"的"老谢家茶"制茶技术。

采用这种工艺制茶有三大优点：其一，制茶程序简单，由原来6道改成3道；其二，加工量大，工效比原来提高了3至4倍；其三，改变茶叶形状品质，将原来的"团茶"改成了"散茶"，而且这种"散茶"香高味浓，耐冲泡。

很快，这种制茶新技术在古徽州传开，茶农纷纷效仿，从而迅速促进了徽州茶叶生产发展。到了明代，徽州府产茶量已达5万多担，比宋代翻了一番。

宋代风尚斗茶，如梅尧臣《次韵和永叔尝新茶杂言》云："兔毛

古代茶叶的种类

欧阳修（1007—1072），字永叔，号醉翁、六一居士。北宋文学家、史学家、政治家。是在宋代文学史上最早开创一代文风的文坛领袖。领导了北宋诗文革新运动，继承并发展了韩愈的古文理论。他的散文创作的高度成就与其正确的古文理论相辅相成，从而开创了一代文风。

紫盏自相称，清泉不必求虾蟆"；苏辙诗云："蟹眼煎成声未老，兔毛倾看色尤宜。"

徽宗时期，宫廷里的斗茶活动非常盛行。为了满足皇帝大臣们的欲望，贡茶的征收名目越来越多，制作也越来越新奇。

据南宋时期胡仔的《苕溪渔隐丛话》等所记载，宣和二年，漕臣郑可简创制了一种以"银丝水芽"制成的"方寸新"。这种团茶色如白雪，故名为"龙园胜雪"。

后来，郑可简官升至福建路转运使，又命他的侄子千里到各地山谷去搜集名茶奇品，千里后来发现了一种叫作"朱草"的名茶。郑可简便将"朱草"拿来，让自己的儿子去进贡。于是，他的儿子也因贡茶有功而得官职。

宋代茶文化的发展，在很大程度上受到皇室的影响。无论其文化特色或是文化形式，都带有贵族色彩。于此同时，茶文化在高雅文化的范畴内，得到了更充实的发展。

传统礼制对贡茶的精益求精，进而引发出各种饮茶用茶方式。宋代贡茶自蔡襄任福建转

■宋代点茶图

运使后，通过精工改制，在形式和品质上有了更进一步的发展，号称"小龙团饼茶"。北宋文坛领袖欧阳修称这种茶"其价值金二两，然金可有，而茶不可得"。

宋仁宗最推荐这种小龙团，备加珍惜，即使是宰相近臣，也不随便赐赠，只有每年在南郊大礼祭天地时，中枢密院各四位大臣才有幸共同分到一团，而这些大臣往往自己舍不得品尝，专门用来孝敬父母或转赠好友。这种茶在赐赠大臣前，先由宫女用金箔剪成龙凤、花草图案贴在上面，称为"绣茶"。

宋代是我国茶饮活动最活跃的时代。在以贡茶一路衍生出来的有"绣茶""斗茶"；作为文人自娱自乐的有"分茶"。作为民间的茶楼、饭馆中的饮茶方式更是丰富多彩。

吴自牧《梦粱录》卷十六"茶肆"记载，茶肆列花架，在上面安顿奇松异桧等物，用来装饰店面，敲打响盏歌卖，叫卖后用瓷盏漆托供卖。夜市在太街有东担设浮铺，点茶汤以便游玩的人观赏。

宋代沏茶时尚的是用"点"茶法，就是注茶，即用单手提执壶，使沸水由上而下，直接将沸水注入盛有茶末的茶盏内，使其形成变幻无穷的物象。因此，

■品茶铜像

《梦粱录》 宋吴自牧著。共二十卷。 这是一本介绍南宋都城临安城市风貌的著作。该书成书年代，据自序有"时异事殊"，"缅怀往事，殆犹梦也"之语，当在元军攻陷临安之后。

众侍女向女主人供茶图

注水的高低,手势的不同,壶嘴造型的不一,都会使注茶时出现的汤面物象形成不同的结果。

1089年,苏东坡第二次来杭州上任,这年的农历十二月二十七日,他正游览西湖葛岭的寿星寺。南屏山麓净慈寺的谦师听到这个消息,便赶到北山,为苏东坡点茶。

苏轼品尝谦师的茶后,感到非同一般,专门为之作《送南屏谦师》记述此事,诗中对谦师的茶艺给予了很高的评价:

  道人晓出南屏山,来试点茶三昧手。
  ……
  先生有意续茶经,会使老谦名不朽。

谦师治茶,有独特之处,但他自己说烹茶之事"得之于心,应之于手,非可以言传学到者"。

谦师的茶艺在宋代很有名气，不少诗人对此加以赞誉。如北宋的史学家刘攽有诗云："泻汤夺得茶三昧，觅句还窥诗一斑"，就是对其茶艺很妙的概括。后来，人们把谦师称为"点茶三昧手"。

宋代点茶法使茶瓶的流加长，口部圆峻，器身与器颈增高，把手的曲线也变得很柔和，茶托的式样更多。托圈一般均较高，有敛口的，也有侈口的，而且许多托圈内中空透底。

宋代上层人士饮茶，对茶具的质量要求比唐代更高，宋人讲究茶具的质地，制作要求更加精细。茶托除瓷、银制品外，还有金茶托和漆茶托。范仲淹诗云："黄金碾畔绿尘飞，碧玉瓯中翠涛起。"陆游诗云："银瓶铜碾俱官样，恨个纤纤为捧瓯。"说明当时地方官吏、文人学士使用的是金银制的茶具。而民间百姓饮茶的茶具，就没有那么讲究，只要做到"择器"用茶就可以了。

陆游（1125—1210），字务观，号放翁，南宋诗人、词人。一生著作丰富，风格奔放，沉郁悲壮，洋溢着强烈的爱国主义激情，在生前即有"小李白"之称，不仅成为南宋一代诗坛领袖，而且在我国文学史上享有崇高地位，是我国伟大的爱国诗人。

■茶馆

杨万里（1127—1206），字廷秀，号诚斋。南宋著名爱国诗人、文学家，与陆游、尤袤、范成大并称"南宋四大家"，"中兴四大诗人"。他一生作诗颇丰，被誉为一代诗宗。杨万里诗歌大多描写自然景物，也有反映民间疾苦抒发爱国感情。代表作品有《初入淮河四绝句》《舟过扬子桥远望》《过扬子江》《晓出净慈寺送林子方》等。

在普天共饮的社会背景下，宋代茶艺逐渐形成了一套规范程式，这便是分茶。分茶又称茶百戏、汤戏或茶戏。

宋人直接描写分茶的文学作品以杨万里《澹庵坐上观显上人分茶》为代表。1163年，杨万里在临安胡铨官邸亲眼看见显上人所作的分茶表演，被这位僧人的技艺折服，即兴实录了这一精彩表演。诗中写道：

　　分茶何似煎茶好，煎茶不似分茶巧。
　　蒸水老禅弄泉手，隆兴元春新玉爪。
　　……

北宋初年人陶谷在《荈茗录》中说到一种叫"茶百戏"的游艺。"茶百戏"便是"分茶"，"碾茶为末，注之以汤，以筅击拂"。此时，盏面上的汤纹水

■ 古代喝茶雕塑

脉会幻变出种种图样,若山水云雾,状花鸟虫鱼,恰如一幅幅水墨图画,故有"水丹青"之称。

精美茶具

茶文化的兴盛,也引起了茶具的变革。唐代的茶一般为绿色,青瓷碗与白瓷碗并重;而宋代茶色尚白,又兴起了斗茶之风。斗茶胜负的标志为茶是否粘附碗壁,哪一方的碗上先形成茶痕,即为输家。这和茶的质量及点茶的技术都有关系。

为适应斗茶之需,宋代将白色的茶盛在深色的碗里,对比分明,易于检视。蔡襄在《茶录》中指出:"茶色白,宜黑盏。""其青白盏,斗试家自不用。"所以宋代特别重视黑釉茶盏。

福建建阳水吉镇建窑烧造的茶盏釉色黝亮似漆,其上有闪现圆点形晶斑,也有闪现放射状细芒,前者称油滴盏,后者称兔毫盏。还有盏底刻"供御""进"等文字,表明这里曾有向朝廷进奉的贡品。

阅读链接

在宋代茶叶著作中,比较著名的有叶清臣的《述煮茶小品》、蔡襄的《茶录》、宋子安的《东溪试茶录》、沈括的《本朝茶法》、赵佶的《大观茶论》等。在宋代茶学专家中,有作为一国之主的宋徽宗赵佶,有朝廷大臣和文学家丁谓、蔡襄,有著名的自然科学家沈括,更有乡儒、进士,乃至不知其真实姓名的隐士"审安老人"等。从这些作者的身份来看,宋代茶学研究的人才和研究层次都很丰富。在研究内容上包括茶叶产地的比较、烹茶技艺、茶叶形制、原料与成茶的关系、饮茶器具、斗茶过程及欣赏、茶叶质量检评、贡茶名实等等。

返璞归真的元代饮茶风

宋人拓展了茶文化的社会层面和文化形式，茶事十分兴旺，但茶艺走向繁复、琐碎、奢侈，失去了唐代茶文化深刻的思想内涵，过于精细的茶艺淹没了茶文化的实用性，失去了其高洁深邃的本质。元代以后，我国茶文化进入了曲折发展期。

元代与宋代茶艺崇尚奢华、烦琐的形式相反，北方少数民族虽嗜

■元代古画《陆羽烹茶图》

茶如命，但主要出于生活的需要，对品茶煮茗、烦琐的茶艺没多大兴趣。原有的汉族文化人希冀以茗事表现风流倜傥，这时则转而由茶表现其脱俗的清高气节。

这两股不同的思想潮流，在茶文化中契合后，促进了茶艺向简约、返璞归真方向发展。因此元代制作精细、成本昂贵的团茶数量大减，而制作简易的末茶和直接饮用的青茗与毛茶大为流行。

■ 元代冲茶图

这种饮茶风格的变化，使我国茶叶生产有了更大的创新。至元朝中期，老百姓做茶技术不断提高，讲究制茶功夫。元时在茶叶生产上的另一成就，是用机械来制茶叶。据王祯《农书》记载，当时有些地区采用了水转连磨，即利用水力带动茶磨和椎具碎茶，显然较宋朝的碾茶又前进了一步。

元代茶饮中，除了民间的散茶继续发展，贡茶仍然沿用团饼之外，在烹煮和调料方面有了新的方式产生，这是蒙古游牧民族的生活方式和汉族人民的生活方式相互影的结果。

在茶叶饮用时，特别是在朝廷的日常饮用中，茶叶添加辅料，似乎已相当普遍。与加料茶饮相比，汉族文人们的清饮仍然占有相当大的比例。在饮茶方

朝廷 在我国古代，被一些诸侯、王国统领等共同拥戴的最高统领者，从而建立起来的一种统治机构的总称。在这种政治制度下，统领者一般被称为皇帝。朝廷后来指帝王接见大臣和处理政务的地方，也代指帝王。

■ 古代斗茶图

式上他们也与蒙古人有很大的差别，他们仍然钟情于茶的本色本味，钟情于古鼎清泉，钟情于幽雅的环境。

如赵孟頫虽仕官元朝，但他画的《斗茶图》中仍然是一派宋朝时的景象。

《斗茶图》中，4位斗茶手分成两组，每组2人。左边斗茶组组长，左手持茶杯，右手持茶壶，昂头望对方。助手在一旁，右手提茶壶，左手持茶杯，两手拉开距离，正在注汤冲茶。右边一组斗茶手也不示弱，准备齐全，每人各有一副茶炉和茶笼，组长右手持茶杯正在品尝茶香。

元代的饮茶方式及器具，主要承袭于宋代，而建元之后，茶礼茶仪仍然在入宋入元的文人僧道之间流传。虽然忽必烈在大都建元之后，有意识地引导蒙古人学习汉族文化，但由于国民的主流喜爱简单直接的冲泡茶叶，于是散茶大兴。

元代茶叶有草茶、末茶之分。王祯《农书》又分作茗茶、本茶与腊茶3种。"腊茶"，也称"蜡面茶"，是建安一带对团茶、饼茶的俗称。

早在宋代时，欧阳修不但证实其时片茶、散茶已各自形成了自己的专门产区和技术中心，并且也清楚指出，早在北宋景祐前后，我国各地的散茶生产，就出现了一个互比相较、竞相发展的局面。

赵孟頫（1254—1322），字子昂，号松雪，松雪道人，又号水精宫道人、鸥波，汉族，吴兴人。元代著名画家，楷书四大家之一。他博学多才，能诗善文，懂经济，工书法，精绘艺，擅金石，通律吕，解鉴赏。特别是书法和绘画成就最高，开创元代新画风，被称为"元人冠冕"。他的书法以楷、行书著称于世。

所谓"腊茶出于剑、建，草茶盛于两浙"，前者是指团饼的精品，也即主要就紧压茶的制作技术而言的；后者是指散茶的区域，主要就散茶生产的数量而言的。茗茶显然也是指草茶、散茶。

从这种分法也可见元代散茶发展已超过末茶和腊茶，处于过渡阶段。元初马端临《文献通考》载："茗有片，有散，片者即龙团，旧法，散者则不蒸而干之，如今之茶也。始知南渡之后，茶渐以不蒸为贵矣。"也说明了这种转变趋势。

元代的饮茶呈现出4种不同的类型：

一是文人清饮，采茶后杀青、研磨，但不压做成饼，而是直接储存，饮用方式为点茶法，与宋代点饮法区别不大；

第二种为撮泡法，采摘茶叶嫩芽，去青气后拿来煮饮，近似于茶叶原始形态的食用功能；

> 马端临（1254—1323）：字贵舆，号竹洲。我国宋元之际的历史学家，他为谋求治国安民之术，探讨会通因仍之道，讲究变通张弛之故，以杜佑《通典》为蓝本，完成明备精神之作《文献通考》。该书是我国古代典章制度方面的集大成之作，体例别致，史料丰富，内容充实，评论精辟。

■ 古代茶馆

> 刘禹锡（772—842），字梦得，汉族，彭城人，祖籍洛阳，唐朝文学家，哲学家，唐代中晚期著名诗人，有"诗豪"之称。他在政治上主张革新，是王叔文派政治革新活动的中心人物之一。后来永贞革新失败被贬为朗州司马，其间写了著名的《汉寿城春望》。

第三种是调配茶或加料茶，在晒青毛茶中加入胡桃、松实、芝麻、杏、栗等干果一起食用。这种饮茶的方法十分接近后世在闽、粤等客家地区流传的"擂茶"茶俗。

第四种是腊茶，也就是宋代的贡茶"团茶"，但当时数量已减少许多，主要供应宫廷。

元代的饮茶风尚也是饼、散并行，重散轻饼，具有过渡性的特点。腊茶饮法是先用温水微渍，去膏油，以纸裹胆碎，用茶针微灸，然后碾罗煎饮，与宋代相似，但"此品惟充贡献，民间罕见之"。

末茶饮法是"先焙芽令燥，入磨细碾，以供点试"，但"南方虽产茶，而识此法者甚少"。茗茶则是采择嫩芽，先以汤泡去熏气，以汤煎饮之，"今南方多仿此"。

忽思慧也说："清茶，先用水滚过滤净，下茶芽，少时煎成。"可见传统的碾制团饼的饮法到元代

■ 炒茶工艺

已转入宫廷和上层，而茗茶即散茶饮法则在广大民众中普遍采用。

元代由于散茶的普及流行，茶叶的加工制作开始出现炒青技术。

炒青绿茶自唐代已经有了。唐代诗人刘禹锡《西山兰若试茶歌》中言道："山僧后檐茶数丛……斯须炒成满室香"，又有"自摘至煎俄顷余"之句，说明嫩叶经过炒制而满室生香，又炒制时间不长，这是关于炒青绿茶最早的文字记载。

■炒制好的绿茶

在元代，花茶的加工制作也形成完整系统。汉蒙饮食文化交流，还形成具蒙古特色的饮茶方式，开始出现泡茶方式，即用沸水直接冲泡茶叶。这些为明代炒青散茶的兴起奠定了基础，炒青制法日趋完善。

在元代饮茶简约之风的影响下，元代茶书也难得见到。连当时司农司撰的《农桑辑要》、王祯《农书》和鲁明善《农桑衣食撮要》等书中，有关茶叶栽培和制作的记载，也几乎全是采录之词。

不过，元代也有一些关于茶的诗词流传于世。萨都剌于1335年写有一诗，诗曰：

> 春到人间才十日，东风先过玉川家。
> 紫徽书寄钭封印，黄阁香分上赐茶。
> ……

萨都剌 （约1272—1355），元代诗人、画家、书法家。字天锡，号直斋。回族人，一说是蒙古族。萨都剌善绘画，精书法，尤善楷书。有虎卧龙跳之才，人称燕门才子。他的文学创作，以诗歌为主，后人备极推崇，列为有元一代词人之冠。

洪希文的词《浣溪沙·试茶》，则另有一番情趣，词曰：

独坐书斋日正中，平生三昧试茶功，起看水火自争雄。
热挟怒涛翻急雪，韵胜甘露透香风，晚凉月色照孤松。

这些诗词，展现了一种茶道古风的要义，超落出尘的心境。

元代的文人们，特别是由宋入元的汉族文人，在茶文化的发展历程中，仍然具有突出的贡献。追求清饮，不仅是汉族文人的特色，而且不少蒙族文人也相当热衷于此道，特别是耶律楚材，他有诗一首，明白地说出了自己的饮茶审美观：

积年不啜建溪茶，心窍黄尘塞五车。
碧玉瓯中思雪浪，黄金碾畔忆雷芽。
……

咏末茶即散茶而碾之的，还有蔡廷秀诗："仙人应爱武夷茶，旋汲新泉煮嫩芽。"李谦亨诗："汲水煮春芽，情烟半如灭。"

元代不到百年的历史使茶具艺术脱离了宋人的崇金贵银、夸豪斗富的误区，进入了一种崇尚自然，返璞归真的茶具艺术境界，这也极大地影响了明代茶具的整体风格。

> **阅读链接**
>
> 元代不注重茶马互市，但因平民需要，利益极大，同样榷茶专卖。在建国不足百年期间，我国的疆域空前广阔，辽阔的疆域、多样的民族，促使元代茶业兴旺发达。当时经官方允许的茶叶贸易量是非常大的，而民间为利所趋，走私贸易也当不在少数。随着蒙元帝国的开疆拓土，饮茶之风随之席卷欧亚。

达于极盛的明清茶文化

明清时期，我国茶业出现了较大的变化，唐宋茶业的辉煌，主要是表现在茶学的深入及茶叶加工，特别是贡茶加工技术精深。而明清时期的茶学、茶业及至茶文化，因经过宋元时代发生了很大变化，形成了自身的特色。

1391年，明太祖朱元璋下诏："罢造龙团，惟采茶芽以进。"从此向皇室进贡的是芽叶形的蒸青散茶。

皇室提倡饮用散茶，民间自然效法，并且将煎煮法改为随冲泡随饮用的冲泡法，这是饮茶方法上的一次革新，从此改变了我国千古相沿成习的饮茶方法。

这种冲泡法，促进了茶叶加工技术的进步，如改进蒸青技术、产生炒

古代制茶工艺

> **方以智**（1611—1671），明代著名哲学家、科学家。字密之，号曼公，又号鹿起、龙眠愚者等。学识渊博，他一生著述100余部，最出名的是《通雅》和《物理小识》。《物理小识》一书的内容涉及天文、地理、物理、化学、生物、农学、工艺、哲学、艺术等方面。

青技术等，少数地方采用了晒青，并开始注意到茶叶的外型美观，把茶揉成条索。所以后来一般饮茶就不再煎煮，而逐渐改为泡茶。

由于泡茶简便、茶类众多，烹点茶叶成为人们一大嗜好，饮茶之风更为普及。

明清时期在原有的基础上，出现了不少新的茶叶生产加工技术。如明末清初方以智《物理小识》中记到"种以多子，稍长即移"。说明在明朝，有些地方除了直播以外，还采用了育苗移栽的方法。

到了康熙年间的《连阳八排风土记》中，已有茶树插枝繁殖技术。此外，在清代闽北一带，对一些名贵的优良茶树品种，还开始采用了压条繁殖的方法。

明清两朝在散茶、叶茶发展的同时，其他茶类也得到了全面发展，包括黑茶、花茶、青茶和红茶等。

青茶，也称乌龙茶，是明清时首先创立于福建的一种半发酵茶类。红茶创始年代和青茶一样，其名最先见之于明代初期刘伯温的《多能鄙事》一书。

到了清代以后，随着茶叶外贸发展的需要，红茶由福建很快传到江西、浙江、安徽、湖南、湖北、

■明代茶几

云南和四川等省。在福建地区，还形成了工夫小种、白毫、紫毫、选芽、漳芽、兰香和清香等许多名品。

明代品茶方式的更新和发展，突出表现在饮茶艺术性的追求。明代兴起的饮茶冲瀹法，是基于散茶的兴起，散茶容易冲泡，冲饮方便，而且芽叶完整，大大增强了观赏效果。明代人在饮茶中，已经有意识地追求一种自然美和环境美。

■彩绘茶盖

明人饮茶的艺术性，还表现在追求饮茶环境美，这种环境包括饮茶者的人数和自然环境。当时对饮茶的人数有"一人得神，二人得趣，三人得味，七八人是名施茶"之说，对于自然环境，则最好在清静的山林、俭朴的柴房、清溪、松涛，无喧闹嘈杂之声。

在茶园管理方面，明代在耕作施肥，种植要求上更加精细，在抑制杂草生长上和茶园间种方面，都有独到之处。

此外，明代在掌握茶树生物学特性和茶叶采摘等方面有了较大提高和发展。从制茶技术看，元人王祯《农书》所载的蒸青技术，虽已完整，但尚粗略，明代时制，茶炒青技术发展逐渐超过了蒸青方法。

明代随着制茶工艺技术的改进，各地名茶的发展也很快，品类日见繁多。宋代时的知名散茶寥寥无几，提及的只有日注、双井、顾渚等几种。但是，到

刘伯温（1311—1375），刘基，字伯温，元末明初的军事家、道家、政治家、文学家，明朝的开国元勋，他通经史、晓天文、精兵法。他辅佐朱元璋完成帝业、开创明朝并尽力保持国家的安定，因而驰名天下，被后人比作诸葛亮。在文学史上，刘基与宋濂、高启并称"明初诗文三大家"。

■ 明仇《煮茶论》图

了明代，仅黄一正的《事物绀珠》一书中辑录的"今茶名"就有97种之多，绝大多数属散茶。

明代散茶的兴起，引起冲泡法的改变，原来唐宋模式的茶具也不再适用了，茶壶被广泛应用于百姓的茶饮生活中，明代的茶盏发生了变化，厚粗的黑釉盏退出了茶具舞台，取而代之的是晶莹如玉的白釉盏。

明代戏曲家高濂在他所著的《遵生八笺》里说："茶盏惟宣窑坛盏为最，质厚白莹，样式古雅……次则嘉窑心内茶字小盏为美。欲试茶色贵白，岂容青花乱之。"

除白瓷和青瓷外，明代最为突出的茶具是宜兴的紫砂壶。紫砂茶具不仅因为瀹饮法而兴盛，其形制和材质，更迎合了当时社会所追求的平淡、端庄、质朴、自然、温厚、闲雅等的精神需要。

紫砂茶具始于宋代，到了明代，由于横贯各文化领域溯流的影响，文化人的积极参与和倡导、紫砂

高濂 明代戏曲作家。字深甫，号瑞南。生活于万历年前后。能诗文，兼通医理，擅养生。高濂爱好广泛，藏书、赏画、论字、侍香、度曲等情趣多样。此外，高濂还有《牡丹花谱》与《兰谱》传世。

制造业水平提高和即时冲泡的散茶流行等多种原因，逐渐走上了繁荣之路。

宜兴紫砂茶具的制作，相传始于明代正德年间，当时宜兴东南有座金沙寺，寺中有位被尊为金沙僧的和尚，平生嗜茶，他选取当地产的紫砂细砂，用手捏成圆坯，安上盖、柄、嘴，经窑中焙烧，制成了中国最早的紫砂壶。此后，有个叫供春（又称供龚春、龚春）的家童跟随主人到金沙寺侍卖，他巧仿老僧，学会了制壶技艺，所制壶被称为"供春壶"，视为珍品。供春也被称为紫砂壶真正意义上的鼻祖，第一位制壶大师。

到明万历年间，出现了董翰、赵梁、元畅、时朋"四家"，后又出现时大彬、李仲芳、徐友泉"三大壶中妙手"。当时有许多名文人都在宜兴定制紫砂壶，还题刻诗画在壶上，他们的文化品味和艺术鉴赏也直接左右着制壶匠们，如著名书画家董其昌、著名文学家赵宧光等，都在宜兴定制且题刻过。

我国是最早为茶著书立说的国家，明代达到兴盛期，而且形成鲜明特色。明太祖朱元璋第17子朱权于1440年前后编写《茶谱》一书，

清代茶园观戏图

高启（1336—1373），字季迪，号槎轩，元末明初著名诗人，与杨基、张羽、徐贲被誉为"吴中四杰"。他的诗清新超拔，雄健豪迈，尤擅长于七言歌行。因他才思俊逸，诗歌多有佳作，为明代最优秀诗人之一。其作品有《高太史大全集》《凫藻集》等。

对饮茶之人、饮茶之环境、饮茶之礼仪等作了详细的介绍。

神宗时礼部尚书陆树声在《茶寮记》中，提倡于小园之中，设立茶室，有茶灶、茶护，窗明几净，颇有远俗雅意，强调的是自然和谐美。

明代张源所著《茶录》中说："造时精，藏时燥，泡时洁。精、燥、洁，茶道尽矣。"这句话简明扼要地阐明了茶道真谛。

明代茶书对茶文化的各个方面加以整理、阐述和开发，创造性和突出贡献在于全面展示明代茶业、茶政空前发展和我国茶文化继往开来的崭新局面，其成果一直影响至今。

明代在茶文化艺术方面的成就也较大，除了茶片、茶画外，还产生众多的茶歌、茶戏，以及反映茶

■古代制茶工艺木雕

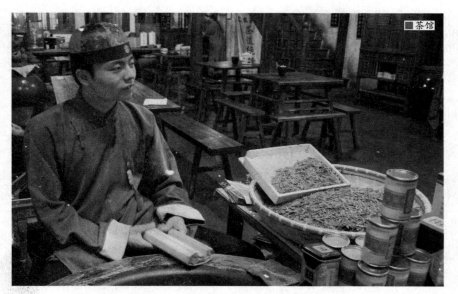

茶馆

农疾苦、讥讽时政的茶诗，如高启的《采茶词》等。

清朝满族祖先本是我国东北地区的游猎民族，肉食为主，进入北京后，不再游猎，而肉食需要消化功效大的茶叶饮料。于是普洱茶、女儿茶、普洱茶膏等，深受帝王、后妃等贵族们喜爱，有的用于泡饮，有的用于熬煮奶茶。

嗜茶如命的乾隆皇帝，一生与茶结缘，品茶鉴水有许多独到之处，也是历代帝王中写作茶诗最多的一个，晚年退位后，在北海镜清斋内专设"焙茶坞"，悠闲品茶。

清代民间大众饮茶方法的讲究表现在很多方面，如"杭俗烹茶，用细茗置茶瓯，以沸汤点之，名为撮泡"。当时，人们泡茶时，茶壶、茶怀要用开水洗涤，并用干净布擦干，茶杯中的茶渣必须先倒掉，然后再斟。闽粤地区民间，嗜饮功夫茶者甚众，故精于此"茶道"之人亦多。

到了清代后期，由于市场上有六大茶类出售，人们不再单饮一种茶类，而是根据各地风俗习惯选用不同茶类，如江浙一带人，大都饮绿茶，北方人喜欢喝花茶或绿茶。

清代以来，在我国南方广东、福建等地盛行工夫茶，工夫茶的兴盛也带动了专门的饮茶器具。如铫，是煎水用的水壶，以粤东白泥铫为主，小口瓮腹；茶炉，由细白泥制成，截筒形，高一尺二三寸；茶壶，以紫砂陶为佳，其形圆体扁腹，努嘴曲柄大者可以受水半斤，茶盏、茶盘多为青花瓷或白瓷，茶盏小如核桃，薄如蛋壳，甚为精美。

清代特别是清早期，瓷器的发展达到一个历史高峰，除沿烧明代的青花、五彩、斗彩等各种茶具外，还新创粉彩、珐琅彩、仿生釉等名品，瓷器茶具真正进入千家万户，成为一种居家必备的器物。

尤其康熙时期始创的盖碗茶具，开了一代先河，沿用后世。盖碗又名"焗盅"，由盖、碗、托三位一体组合而成。盖碗的作用之一是防尘和凝香，其次是止溢和防烫。品茶时，主客左手持托右手拿盖，轻轻拨开浮在茶汤上的茶叶细啜慢品，充分体现了中华茶文化温雅谦和、从容大方的儒家思想精髓。

▶喝茶人塑像

■清代珐琅茶具

清代的陶瓷茶罐产量也是相当可观，型釉各异、美不胜收。而始见于明万历的茶食拼盘，发展到清代也是丰富多彩，令人叹为观止。

由于茶叶的大量出口及精良的陶瓷烧制技艺，清代的外销瓷茶具数量也相当庞大，图案上带有西洋风格的精美茶具反映了中外交流的文化史。

锡茶具在清代继续使用，涌现出像沈存周、卢葵生、朱坚等制锡高手。锡茶叶罐有防潮、避光等优点，在民间屡见不鲜。

除此之外，竹木牙角各种材质的广泛应用也是清代茶具的特点：如海南椰壳雕、内宫匏制茶具，另外福建的脱胎漆茶具、四川的竹编茶具也很有特色。

清代诗文、歌舞、戏曲等文艺形式百花齐放，其中描绘"茶"的内容很多。在众多小说话本中，茶文

斗彩 又称逗彩，是釉下彩即青花与釉上彩相结合的一种装饰品种。斗彩是预先在高温下烧成的釉下青花瓷器上，用矿物颜料进行二次施彩，填补青花图案留下的空白和涂染青花轮廓线内的空间，然后入小窑经低温烘烤而成。斗彩以其绚丽多彩的色调，沉稳老辣的色彩，形成了一种符合明人审美情趣的装饰风格。

化的内容也得到充分展现。

所谓"一部《红楼梦》，满纸茶叶香"。伟大小说家曹雪芹的《红楼梦》中言及茶的多达260多处，咏茶诗词、联句有10多首，它所载形形色色的饮茶方式、丰富多彩的名茶品种、珍奇的古玩茶具、讲究非凡的沏茶用水，是我国历代文学作品中记述和描绘最全面的。它集明后期至清代200多年间各类饮茶文化之大成，形象地再现当时上至皇室官宦、文人学士，下至平民百姓的饮茶风俗。

明清之际，特别是清代，我国的茶馆作为一种平民式的饮茶场所，如雨后春笋，发展很迅速。

清代是我国茶馆的鼎盛时期。据记载，仅北京就有知名的茶馆三十多家。清末，上海更多，达到六十多家。在乡镇茶馆的发达也不亚于大城市，如江苏、浙江一带，有的全镇居民只有数千家，而茶馆可以达到百余家之多。

茶馆是我国茶文化中的一个很重要的内容，清代茶馆的经营和功能一是饮茶场所，点心饮食兼饮茶，二是听书场所。

再者，茶馆有时也充当"纠纷裁判场所"。"吃讲茶"指的就是邻里乡间发生了各种纠纷后，双方常常邀上主持公道的长者或中间人，至茶馆去评理以求圆满解决。

> **阅读链接**
>
> 我国茶文化在经历了唐代初兴、宋代发展、明清鼎盛这三大历史阶段之后，使得"茶"作为日常生活不可缺少的部分。我国古代参禅以茶，慎独以茶，书画以茶，待客以茶，诗酒以茶，清赏以茶……包罗万象，而使得明清瓷器、工艺品与我国茶文化紧密相关，明清时期的茶具，就像百花齐放、争奇斗艳的春天，让中华的茶文化锦上添花、绚烂多彩，成为不可或缺的茶文化载体，完美地呈现我国茶文化的博大精深。

第一名茶 西湖龙井

西湖龙井茶，因产于我国杭州西湖的龙井茶区而得名，是我国十大名茶之一，具有1200多年的历史。明代列为上品，清顺治列为贡品。龙井既是地名，又是泉名和茶名。龙井茶有"四绝"，即色绿、香郁、味甘、形美。

西湖龙井茶与西湖一样，是人、自然、文化三者的完美结晶，她承载着深厚的西湖历史文化，是体现西湖文化的典型代表，是西湖地域文化的重要载体。古往今来，杭州不仅以美丽的西湖闻名于世界，也以西湖龙井茶享誉国内外。

西湖龙井出产绝世佳茗

传说在很久以前，王母娘娘在天庭举行盛大的蟠桃会，各地神仙应邀赴会，神童仙女，吹奏弹唱，奉茶献果，往返不绝。

正当地仙捧着茶盘送茶时，忽听善财童子嚷道："地仙嫂得了重病，在床上翻滚乱叫，快快去！"地仙听了一惊，他一不留神，茶盘

■西湖龙井茶

一歪，一只茶杯骨碌碌地翻落到尘世间去了。

地仙惊得七魂出窍，脸色煞白，三步并做两步地奔向洞府。

这时，八仙之一的吕洞宾一算，明白是怎么一回事了，忙接过地仙的茶盘，把仅有的七杯茶分给七洞神仙，自己面前空着，并掏出一粒神丹对地仙说道："快拿去救了你娘子，就下凡找茶杯去吧，这儿我暂时替你照应着"。地仙非常感激，道谢后就走了。

"天上一日，人间数载。"地仙一个筋斗下了到凡间，落到杭州，变成了一个和尚，便到西边的山上寻茶杯。

■吕洞宾画像

这天，地仙看见有座山像只狮子蹲着，秀石碧鏊。山间竹林旁有座茅草房，门口坐着一位八十多岁的大娘。大娘家的周围有18棵野山茶树，家门口的路是南山农民去西湖的必经之路，行人走到这里总想稍事休息，于是老太太就在门口放一张桌子，几条板凳，同时就用野山茶叶沏上一壶茶，让行人歇脚。

地仙上前施礼问道："老人家，这儿是啥地方？"老大娘答到："叫晖落坞。听先辈说，有天晚上，突然从天上'忽隆隆'地落下万道金光，从此这儿就叫作晖落坞了。"

地仙听了心里又惊又喜，赶紧东张张、西望望，

吕洞宾 天下道教主流全真道祖师，原名吕喦，传说他五十三岁归宗庐山，六十四岁上朝元始、玉皇，赐号纯阳子。唐宋以来，他与铁拐李、汉钟离、蓝采和、张果老、何仙姑、韩湘子、曹国舅并称"八洞神仙"。在民间信仰中，他是八仙中最著名、民间传说最多的一位。

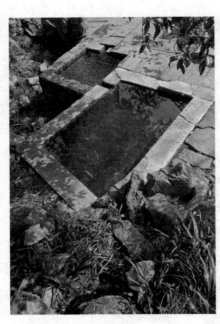

■ 泉水

忽然眼睛一亮，大娘房旁有口堆满灰土的旧石臼，里面长满了苍翠碧绿的青草。有根蜘蛛丝晶莹闪亮，从屋檐边直挂到石臼里。地仙心中叫道："那不是我的茶杯吗？"

地仙明白了，这只蜘蛛精在偷吸仙茗呢，忙说："老施主，我用一条金丝带换你这石臼行吗？"大娘说："你要这石臼子吗？反正我留着也无用，你拿去吧！"地仙想，我得去找马鞭草织一条九丈九尺长的绳子捆住才好拎走。

地仙刚离去，大娘心想，这石臼儿脏呢，怎么沾手呀！于是找来勺子，把灰土都掏出，倒在房前长着十八棵茶树的地里，又找块抹布来擦揩干净。

不料这一下惊动了蜘蛛精，蜘蛛精还以为有人来抢他的仙茗呢！一施魔法，"喀啦啦"一声巨响，将石臼打入了地底深层。地仙带绳回转一看，石臼不在了，只好空手回天庭了。

后来，被打入地下的"茶杯"成了一口井，曾有龙来吸仙茗，龙去了，留下一井水。这就是传说中的龙井。

第二年春天，大娘家周围那十八棵茶树嫩芽新发，长得比往年好，并且洗臼泼水的地方又长出无数棵茶树，这就是龙井茶叶的来历。

龙井原名龙泓，是一个圆形的泉池，大旱不涸，

葛洪（281—341），东晋道教学者、著名炼丹家、医药学家。字稚川，自号抱朴子，世称小仙翁。他曾受封为关内侯，后隐居罗浮山炼丹。葛洪是我国预防医学的引导者。著有《肘后方》，书中最早记载一些传染病如天花、恙虫病症候及诊治。

古人以为此泉与海相通，其中有龙，因称龙井，传说晋代葛洪曾在此炼丹。

龙井之水的奇特之处在于，搅动它时，水面上就出现一条分水线，仿佛游丝一样不断摆动，人们以为"龙须"，然后慢慢消失，令人叹为奇观。

沧海桑田，历史变迁，离龙井500米左右的落晖坞有一龙井寺，俗称老龙井，创建于五代时期949年，初名为报国看经院，北宋时期改名为寿圣院，南宋时又改称为广福院、延恩衍庆寺，明代于1438年才迁移至井畔。

老龙井寺庙前的十八棵茶树经过仙露的滋润，长得越来越茂盛，品质超群。

龙井茶虽得名于龙井，但并不仅限于龙井一处，根据产地分狮、龙、云、虎、梅，即狮峰、龙井、云栖、虎跑、梅家坞5地，都在西湖四周。

"天下名茶数龙井，龙井上品在狮峰。"狮峰龙井之所以驰名，据说源于清乾隆皇帝。

西湖龙井茶园

乾隆皇帝下江南时，微服来到杭州龙井村狮峰山下。胡公庙老和尚陪着乾隆皇帝游山观景时，忽见几个村女喜洋洋地正从庙前十八棵茶树上采摘新芽，乾隆不觉心中一乐，快步走入茶园中，也学着采起茶来。

乾隆帝刚采了一会，忽然太监来报："皇上，太后有病，请皇上急速回京。"乾隆一听太后有病，不觉心里发急，随即将手中茶芽向袋内一放，日夜兼程返京，回到宫中向太后请安。其实，太后并无大病，只是一时肝火上升，双眼红肿，胃中不适。

太后忽见皇儿到来，心情好转，又觉一股清香扑面而至，忙问道："皇儿从杭州回来，带来了什么好东西，这样清香？"

乾隆皇帝也觉得奇怪，我匆忙而回，未带东西，哪来的清香？仔细闻闻，确有一股馥郁清香，而且来自袋中。他随手一摸，原来是在杭州龙井村胡公庙前采的一把茶叶，时间一长，茶芽夹扁了，已经干燥，并发出浓郁的香气。

太后想品尝一下这种茶叶的味道，宫女将茶泡好奉上，果然清香扑鼻，饮后满口生津，回味甘醇，神清气爽。饮下三杯之后，眼肿消散，肠胃舒适。太后大喜，称："杭州龙井茶真是灵丹妙药。"

西湖云栖因竹多叶密、含水生云；云栖雾留、又长翠竹。温度与湿度极佳，土质好，适宜种茶，因此这里的西湖龙井独具风味。

■龙井茶

虎跑泉水清澈可见，水质纯净，甘冽醇厚，用这里的泉水泡出的龙井茶，清香溢口，沁人心脾，被誉为"西湖双绝"。

■ 龙井茶

传说唐代高僧性空曾住在虎跑泉所在的大慈山谷，见此处风景优美，欲在此建寺，却苦于无水。一天，性空梦见二虎跑地处，有清泉涌出。第二天醒来后在山谷在寻找，果然有甘泉涌出来了，性空不禁欣喜异常。此泉即被称为虎跑泉。

关于西湖龙井，在明代高濂的《四时幽赏录》中有这样的记载："西湖之泉，以虎跑为最；两山之茶，以龙井为佳。"

"龙井茶，虎跑水"，这是闻名中外的杭州西湖的双绝，好茶加好水，为美丽的西湖增添了光彩。

梅家坞位于杭州西湖风景区腹地，云栖西二公里的琅珰岭北麓的山坞里，四周青山环绕，茶山叠嶂。这里生产色绿、香郁、味醇、形美的龙井茶叶。

梅家坞龙井茶的辉煌，与西汉时期梅福种植野生云雾茶、梅氏世代专长种茶有着很深的渊源关系。

乾隆（1736—1795），清高宗爱新觉罗·弘历的年号，亦代指乾隆帝。乾隆帝是清朝第六位皇帝，定都北京后第四位皇帝。25岁登基，在位六十年，退位后当了3年太上皇，实际掌握最高权力长达六十三年零四个月，是我国历史上执政时间最长、年寿最高的皇帝。

■西湖龙井茶

据说在西汉末期,江西南昌官员梅福隐退,辗转来到杭州与玲珑山相邻的垂溜山结庐隐居,梅福的子孙在东天目山脚下繁衍生息,以种茶制茶为生。

到明、清时期,大泉村梅姓已繁衍到七十余户,村名始改梅家头。清乾隆年间,梅氏分支又迁至杭州天竺山下一处山坞中,此处就是著名的龙井茶乡梅家坞。当时《临安县志》记载:"梅家坞属西湖区龙井乡,产龙井茶……"。

自古以来,我国都有"十里梅坞蕴茶香"的说法,说明梅家坞是一个因茶而兴的地方。

阅读链接

杭州西湖边的狮峰山、龙井村、灵隐、五云山、虎跑、梅家坞一带,土地肥沃,周围山峦重叠,林木葱郁,地势北高南低,既能阻挡北方寒流,又能截住南方暖流,在茶区上空常年凝聚成一片云雾。良好的地理环境,优质的水源,为茶叶生产提供了得天独厚的自然条件。龙井茶被誉为"中国第一茶",实在是得益于这山泉雨露之灵气。龙井茶除西湖龙井外,还有钱塘龙井、越州龙井,其他两地产的俗称为浙江龙井茶。

宋代文人青睐龙井香茶

龙井茶历史悠久，最早可追溯到唐代，当时著名的茶圣陆羽，在所撰写的世界上第一部茶叶专著《茶经》中，就有杭州天竺、灵隐二寺产茶的记载。

但在唐代的时候，龙井茶名气尚不显，到了宋代，西湖茶开始崛起，由于这时杭州出现了贡茶。

北宋时期，龙井茶区已形成规模，当时灵隐下天竺香林洞的"香林茶"，上天竺寺白云峰产的"白云茶"和葛岭宝云山产的"宝云茶"列为贡品。西湖茶开始令人刮目相看，声名日盛。

雨前龙井

> 林和靖（967—1028），林逋，字君复，汉族，浙江大里黄贤村人。幼时刻苦好学，通晓经史百家。书载性孤高自好，喜恬淡，勿趋荣利。曾漫游江淮间，后隐居杭州西湖，结庐孤山。常驾小舟遍游西湖寺庙，与高僧诗友相往还。作诗随就随弃，从不留存。1028年卒。宋仁宗赐谥"和靖先生"。

北宋时，下天竺香林洞所产的香林茶是西湖茶的代表。香林茶继南朝和唐代遗风，传承久远，品质优异，其名与下天竺飞来峰东麓的香林洞有关。

据南宋《淳祐临安志》卷九载：下天竺岩下，石洞深窈，可通佳来，名云香林洞，慈云法师有诗"天竺出草条，因号香林茶"。其洞与香桂林相近。

南宋潜说友《咸淳临安志》也载："下天竺香林洞产者名香林茶"。

龙井茶的发展，经历了一个漫长的历史过程。从苏东坡"白云山下两旗新"的诗句中可以认为，在北宋时，杭州上天竺白云峰下出产的茶叶具有龙井茶的雏形，"两旗"表明是茶叶冲泡时的外观特征。

"茶兴于唐，盛于宋"，宋代杭州的茶肆、茶馆几乎遍布街巷，茶已经与米盐相同，成为举国之炊。但此时尚无人们喝"龙井茶"的文字记载。宋代的吴自牧在《梦粱录》中也记载杭州有"宝云茶，香林茶，白云茶"。

宋代文学家林和靖在《尝茶次寄越僧灵皎》中咏白云茶道："白云峰下两枪新，腻绿长鲜谷雨春。静试恰看湖上雪，对尝兼忆刘中人。瓶悬金粉师应有，筯点琼花我自珍。清话几时搔首后，愿和松色劝三巡。"

1080年，苏轼被贬谪黄州

■龙井茶园

■ 西湖龙井茶

任团练副使,仅为一个地方军事副职而已。但苏轼似乎对此不以为意,脑子里想的仍然是茶与诗。

一日,苏轼做了一个梦,梦见一个方外挚友、诗僧道潜号参寥子的,千里迢迢从杭州携一轴茶诗来访。两人唱和甚欢,在梦中作起诗来,还相互问答。

其诗有:"寒食清明都过了,石泉槐火一时新"之句。苏轼问:"火可以说新,但泉为什么也能说新呢?"参寥子回答说:"因为民间清明节有淘井的习俗,井淘过了,泉就是新的了。"苏轼点头称是。

后来,时来运转的苏轼第二次来到杭州任知州时,参寥子刚刚卜居孤山宝云山宝云寺旁的智果精舍,入居之时恰有一股清泉从寺院后山的石罅中涌出。第二天,得此信息的苏轼来访,参寥子即采新茶,以新泉之水烹茶,招待苏轼。

此情此景,使苏轼想起九年前在黄州时的梦境,遂作吟诗记之。吟毕,苏轼在参寥子的陪同下观看了寺院后,说:"我先前不曾到过这里,如今眼前所

苏轼(1037—1101),字子瞻,又字和仲,号东坡居士,宋代文学家,是宋代文学最高成就的代表。其文纵横恣肆,为"唐宋八大家"之一,与欧阳修并称"欧苏"。其诗题材广阔,清新豪健,善用夸张比喻,独具风格,与黄庭坚并称"苏黄"。词开豪放一派,与辛弃疾并称为"苏辛"。

苏轼画像

见,却像是在以往所见过。您看从这里上来到忏堂应该有九十三级石阶。"说着,两人拾级而上,边登边数,果然是九十三级,参寥子感到十分惊讶。

这时,苏轼又犯了痴癫,说起呓语:"看来我在前世的时候也是这寺中的和尚吧,所以,今日这里的寺僧都是我的传法后人,而以后我也当舍身为寺中的护法伽蓝。"

听了苏轼的一席狂话,参寥子也如中了魔一般,便塑了东坡的像,供奉在本寺伽蓝之列。并留一偈于壁间,其中有:"金刚开口笑钟楼,楼笑金刚雨打头。直待有邻通一线,两重公案一时休。"三语两重公案即出自寒食清明、石泉槐火,一炉好茶也。

南宋时,智果寺迁到了葛岭宝云寺东,后人以之附会苏轼与道潜友善处。《咸淳临安志》载:

宝严院垂云亭亦产茶。

垂云亭是宝严院旧名,系天成二年,即公元927年钱氏新建。冶平二年,即公元1065年改宝严院。

大约在苏轼第二次就任杭州后三个月,他到宝严院造访,诗僧怡然以宝严院特产之宝云新茶供苏轼品尝。苏轼啜后十分赞赏,特别是对宝云茶之嫩茶所呈现的尖尖"雀舌"之状,备加赏识,并以宋哲宗恩赐自己的大龙团茶回赠怡然禅师,怡然惊喜万分。

苏轼一边品茗，一边吟诗一首赞宝云茶：

妙供来香积，珍烹具大官。
拣芽分雀舌，赐茗出龙团。
……

宋代的西湖茶之所以能够崛起，不仅因为它成为贡茶，而且还有一个重要的原因，那就是它屡屡见诸诗人名家的华章，被吟之诵之，广誉天下。

北宋两任杭州知府赵抃，在元丰二年仲春离杭归田之际，出游南山宿龙井，与辩才促膝长谈。元丰甲子年，赵抃再度去龙井，看望老友辩才，在龙泓亭赋《重游龙井》诗一首：

湖山深处梵王家，半纪重来两鬓华。
珍重老师迎意厚，龙泓亭山点龙茶。

小龙茶即是西湖龙井茶的前身，此诗记述了旧地

伽蓝 我国佛教界常以关羽为伽蓝神。相传隋代天台宗创始者智者大师，曾在荆州玉泉山入定；定中曾见关帝显灵，率其鬼神眷属现出种种可怖景象。经过智者大师的度化之后，关帝乃向智者求授五戒，遂成为正式的佛弟子，并且誓愿作为佛教的护法。

■古代制茶工具

> **赵抃**（1008—1084），字阅道，宋景祐时任殿中侍御史，弹劾时从不避权势，人称"铁面御史"。平时以一琴一鹤自随，为政简易，长厚清修，日所为事，夜必衣冠露香以告于天。年四十余，究心宗教。及在青州，政事之余多晏坐，一日忽闻雷震，大悟。

重游，辩才大师款待品饮小龙茶的欣喜。

辩才也有和诗，曰：

南极星临释子家，杏然十里祝春华。
公子自称增仙箓，几度龙泓咏贡茶。

赵抃说的"小龙茶"可以说明，"龙井问茶"可追溯到宋代。

既然有了好茶，就得有与之相匹配的茶具。宋代的茶具多用瓷茶盏，口敞底小，有黑釉、酱釉、青白釉等品种，以黑色为主，"斗茶"茶具多为黑釉底。

到了南宋，杭州成了国都，茶叶生产有了很大的发展。而真正意义上的"龙井茶"直到元代才出现。

元代诗人虞集游龙井，品尝到了用龙井泉水烹煎的雨前新茶，称赞不绝，作《游龙井》诗。诗曰：

■西湖龙井茶

……
烹煎黄金芽,
不取谷雨后。
同来二三子,
三咽不忍嗽。

这首诗把龙井与茶连在一起,被认为是关于龙井茶的最早记录。可见当时僧人居士看中龙井一带风光幽静,又有好泉好茶,故结伴前来饮茶赏景。

虞集把龙井茶的采摘时间、品质特点、品饮时的情状都作了生动的描绘。诗中提到该茶为雨前茶,香味强烈,龙井泉水也很清美,青翠的群山映照在瓢水中。直至后世,龙井茶也都以谷雨前的为贵。

博物馆内的茶砖

阅读链接

辩才法师,俗名徐无象,浙江临安于潜人。少年出家,法名"元净"。他18岁到杭州上天竺寺,师从慈云法师。25岁时,皇恩赐紫衣,并加赐法号"辩才",后任上天竺寺住持。北宋元丰二年,辩才从上天竺退居龙井村寿圣院,在狮峰山麓开山种茶,品茗诵经,以茶学文,过着隐居生活。而龙井茶名在古代志书、诗文中,最早是以地方命名,从这个意义上说,辩才当为龙井种茶的开山祖。

明清时期的西湖龙井

龙井茶宋代以前甚少出现在文人墨客笔下,自元代起,渐有诗文提及龙井茶。到了明代,龙井茶开始越来越多地出现在文人墨客的笔下,名声逐渐远播,开始走出寺院,为平常百姓所饮用。

在明代文学家屠隆写的《龙井茶歌》中,就有"采取龙井茶,还念龙井水"的句子。此后,明代的茶书、方志、诗文中就频频出现"龙井茶"的字样。这就表明在明代,人们就已经用龙井水泡龙井茶了,"龙井问茶"盛极一时。

明嘉靖年间的《浙江匾志》记载:"杭郡诸茶,总不及龙井之产,而雨前细芽,取其一旗一枪,尤为珍品,所产不

古代龙井茶

多，宜其矜贵也。"

明万历年间的《杭州府志》有"老龙井，其地产茶，为两山绝品"之说。《钱塘县志》又记载"茶出龙井者，作豆花香，色清味甘，与他山异。"此时的龙井茶已被列为我国之名茶。

明代黄一正收录的名茶录及江南才子徐文长辑录的全国名茶中，都有龙井茶。

■ 古代茶著

明人陈眉公作《试茶》一诗云："龙井源头问子瞻，我亦生来半近禅。泉从石出情宜冽，茶自峰生味更园。此意偏于廉士得，之情那许俗只专。蔡襄凤辩兰芽贵，不到兹山识不全。"

明冯梦祯《龙井寺复先朝赐田记》记载："武林之龙井有二，旧龙井在风篁岭之西，泉石幽奇，迥绝人境，盖辩才老人退院。所辟山顶，产茶特佳，相传盛时曾居千众。少游、东坡先后访辩才于此。"

从诗中可知，龙井泉及龙井寺所在位置，乃是明朝时所定，而原龙井泉及老龙井寺，则位于风篁岭西落晖坞，即龙井村内。

如果说在明代龙井茶还介于诸名茶之间的话，到了清代，龙井茶则立于众名茶的前茅了。清代学者郝壹恣行考："茶之名者，有浙之龙井，江南之芥片，闽之武夷云。"

陈眉公（1558—1639），即陈继儒。明代文学家、书画家。字仲醇，号眉公、麋公。他工诗善文，擅墨梅、山水，画梅多册页小幅，自然随意，意态萧疏。他非常重视画家的修养，赞同书画同源。有《梅花册》《云山卷》等传世。著有《妮古录》《陈眉公全集》《小窗幽记》。

云栖 即云栖寺，我国佛教名寺。967年伏虎禅师创建，为法眼宗名寺。1065年称栖真院。1571年，袾宏大师重新兴修，设禅室，讲三教合一、禅净合一之义，深得僧俗崇奉，寺殿亦逐渐恢复，世有"云栖宗"之称，与灵隐、净慈、虎跑、昭庆并称为杭州五大丛林。

清乾隆皇帝六下江南时，曾四到天竺、云栖、龙井等地观看茶叶采制，品茶赋诗，并将狮子峰下胡公庙前的十八棵茶树封为"御茶"，又在龙井古寺亲手题了"龙井八景"，从此，龙井茶更是声名远扬，问茶者络绎不绝。

西湖龙井因产地的不同，品质也不同。"狮峰龙井"香气高锐而持久，滋润鲜醇，色泽略黄，俗称糙米色；"梅坞龙井"外形挺秀、扁平光滑，色泽翠绿；"西湖龙井"叶质肥嫩。

龙井茶一年可多次采摘，分春茶、夏茶和秋茶。其采制技术相当考究，十分强调细嫩和完整，开采日全家吃青团，炒茶夜要吃红糖鸡蛋。采制有三大特点：一是早，二是嫩，三是勤。

■《茶宴图》

在清明前采制的叫"明前茶",美称女儿红,"院外风荷西子笑,明前龙井女儿红。"如诗如画,堪称西湖龙井茶的绝妙写真。

谷雨前采制的叫"雨前茶",向有"雨前是上品,明前是珍品"的说法,还有"早采一天是宝,晚采一天是草"的说法。

龙井茶泡饮时,但见芽芽直立,汤色清洌,幽香四溢,尤以一芽一叶、俗称"一旗一枪"者为极品。

清代以前,龙井茶按产期先后及芽叶嫩老,分为八级,即"莲心、雀舌、极品、明前、雨前、头春、二春、长大"。

清代以后,龙井茶细分为十一级,即特级与一至十级,特级为一芽一叶初展,扁平光滑。

> **清明** 我国民间重要传统节日,为上元、清明、立夏、端午、中元、中秋、冬至、除夕"八节"之一。一般是在公历的4月5日,但其节期很长,有"十日前八日后"及"十日前十日后"两种说法,这近二十天内均属清明节。

春茶中的特级西湖龙井、浙江龙井外形扁平光滑，苗锋尖削，色泽嫩绿，体表无茸毛；汤色嫩绿明亮；滋味清爽或浓醇；叶底嫩绿，尚完整。

其余各级龙井茶随着级别的下降，外形色泽由嫩绿—青绿—墨绿，茶条由光滑至粗糙；香味由嫩爽转向浓粗，四级茶开始有粗味。

从春茶开始，由茶芽萌发到新梢形成的时期，对鲜叶有不同的称呼。一般来说，高档茶应于清明前采摘，只采单芽"龙牙"和一芽一叶初展的"雀舌"；中档茶于谷雨前采摘，采下的鲜叶称旗枪和糙旗枪；低档茶于谷雨后采摘，采下的鲜叶称象大。

很早以前，龙井茶采摘更细嫩，清明前茶蓬上只露出芽头时就开采，采下的全是芽头。"谷雨茶，满把抓"，对于一向以采摘精细、原料细嫩著称的龙井茶采说，谷雨后的鲜叶已属粗老原料。

清代，龙井茶立于众名茶前茅，后世更成为我国名茶之首。近人徐珂称："各省所产之绿茶，鲜有作深碧色者，唯吾杭之龙井，色深碧。茶之他处皆蜷曲而圆，唯杭之龙井扁且直。"

> **阅读链接**
>
> 龙井茶之名始于宋，闻于元，扬于明，盛于清。在这一千多年的历史演变过程中，龙井茶从无名到有名，从老百姓饭后的家常饮品到帝王将相的贡品，从汉民族的名茶到走向世界的名品，开始了它的辉煌时期。从龙井茶的历史演变看，龙井茶之所以能成名并发扬光大，一则是龙井茶品质好，二则离不开龙井茶本身的历史文化渊源。
>
> 龙井茶不仅仅有茶的价值，还有一种文化艺术的价值，里面蕴藏着较深的文化内涵和历史渊源。

茶中仙子 碧螺春

绿茶碧螺春,为我国历史十大名茶之一,产于江苏苏州太湖洞庭山。太湖水面,水气升腾,雾气悠悠,空气湿润,土壤质地疏松,极宜于茶树生长,洞庭碧螺春以形美、色艳、香浓、味醇被称为"四绝"。碧螺春条索紧结,蜷曲成螺,边沿上有一层均匀的细白绒毛。闻名于中外。

据记载,碧螺春茶叶早在隋唐时期即负盛名,有千余年的历史。传说清康熙皇帝南巡苏州赐名为"碧螺春"。

洞庭山育出珍品碧螺春

在我国美丽的太湖东南部，屹立着一座洞庭山，由洞庭东山与洞庭西山组成，东山是一个宛如巨舟伸进太湖的半岛，上面有洞山与庭山，故称洞庭东山，古称胥母山，传说因伍子胥迎母于此而名。

西山是太湖里最大的岛屿，因位于东山的西面，故称西山，全称洞庭西山。东山与西山隔水相望，相距咫尺。

碧螺春茶

相传很久很久以前，在洞庭西山上住着一位勤劳、善良的孤女，名叫碧螺。碧螺生得美丽、聪慧，喜欢唱歌，且有一副圆润清亮的嗓子，她的歌声，如行云流水般的优美清脆，山乡里的人都喜欢听她唱歌。

而与西山隔水相望的

洞庭东山上，有一位青年渔民，名为阿祥。阿祥为人勇敢、正直，又乐于助人，在吴县洞庭东、西山一带方圆数十里的人们都很敬佩他。

碧螺姑娘那悠扬宛转的歌声，常常飘入正在太湖上打鱼的阿祥耳中，阿祥被碧螺的优美歌声所打动，于是默默地产生了倾慕之情，却无由相见。

■ 碧螺春茶

这一年早春里的一天，太湖里突然跃出一条凶恶的龙，蟠踞在湖山，强使人们在西洞庭山上为其立庙，且要每年选一少女为其做"太湖夫人"。太湖人民不应其强暴要求，恶龙乃扬言要荡平西山，劫走碧螺姑娘。

阿祥闻讯后怒火中烧，义愤填膺，为保卫洞庭乡邻与碧螺姑娘的安全，维护太湖的平静生活，阿祥趁更深夜静之时潜游至西洞庭，手执利器与恶龙交战，连续大战七个昼夜，阿祥与恶龙俱负重伤，倒卧在洞庭之滨。

乡邻们赶到湖畔，大家一齐斩除了恶龙；将已身负重伤，倒在血泊中的阿祥救回村里。阿祥因伤势太重，已处于昏迷之中。

碧螺为了报答救命之恩，要求把阿祥抬到自己家里，亲自护理，为他疗伤。

一日，碧螺为寻觅草药，来到阿祥与恶龙交战的

太湖 我国第三大淡水湖，在江苏省南部境内。古时称震泽、具区、笠泽、五湖。过去认为太湖是由长江、钱塘江下游泥沙封淤古海湾而成，有一种说法是近一万年前陨石撞击形成的湖荡区，故古人称太湖为震泽。

采茶姑娘

流血处,猛然发现生出了一株小茶树,枝叶繁茂。为纪念阿祥大战恶龙的功绩,碧螺便将这株小茶树移植于洞庭山上并加以精心护理。

清明刚过,那株茶树便吐出了鲜嫩的芽叶,而阿祥的身体却日渐衰弱,汤药不进。碧螺在万分焦虑之中,陡然想到了这株以阿祥的鲜血育成的茶树,于是她跑上山去,以口衔茶芽,泡成了翠绿清香的茶汤,双手捧给阿祥饮尝。

阿祥饮了一杯后,精神顿时好了起来。碧螺从阿祥那刚毅而苍白的脸上第一次看到了笑容,她的心里充满了喜悦和欣慰。当阿祥问及是从哪里采来的"仙茗"时,碧螺将实情告诉了阿祥。

从此,阿祥和碧螺的心里憧憬着未来美好的生活。碧螺每天清晨上山,将那饱含晶莹露珠的新茶芽以口衔回,揉搓焙干,泡成香茶,给阿祥喝。

阿祥的身体渐渐复原了;可是碧螺却因天天衔茶,以至情相报阿祥,渐渐失去了元气,终于憔悴而死。

阿祥万没想到,自己得救了,却失去了美丽善良的碧螺,悲痛欲绝，遂与众乡邻将碧螺葬于洞庭山上的茶树之下，为告慰碧螺的芳魂，于是就把这株奇异的茶树称为碧螺茶。

后人每逢春季，就将采自碧螺茶树上的芽叶制成茶叶，其条索纤秀弯曲似螺，色泽嫩绿隐翠，清香幽雅，汤色清澈碧绿。

洞庭太湖虽历经沧桑，但那以阿祥的斑斑碧血和碧螺的一片丹心孕育而生的碧螺春茶，却仍是独具幽香妙韵，永惠人间……

民间还流传着一个美丽的传说：

话说很早以前，东洞庭莫厘峰上有一种奇异的香气，人们误认为有妖精作祟，不敢上山。

一天，有位胆大勇敢、个性倔强的姑娘去莫厘峰砍柴，刚走到半山腰，就闻到一股清香，她感到很惊奇，就朝山顶观看，看来看去没有发现什么奇异怪物。受到好奇心的驱使，她冒着危险爬上悬崖，来到了山峰顶上，只见在石缝里长着几棵绿油油的茶树，一阵阵香味好像就从树上发出来的。

■喝茶塑像

她走近茶树，采摘了一些芽叶揣在怀里，就下山来，谁知一路走，怀里的茶叶一路散发出浓郁香气，而且越走，这股香气越浓，这异香熏得她有些昏沉沉。

回到家里，姑娘感到又累又渴，就从怀里取出茶叶，但觉满屋芬芳，姑娘大叫"吓煞人哉，吓煞人哉！"随后她撮些芽叶泡上一杯喝起来。

碗到嘴边，但觉香沁心脾，一口下咽，满口芳香；二口下咽，喉润头清；三口下咽，疲劳消除。姑娘喜出望外，决心把宝贝茶树移回家来栽种。

第二天，姑娘带上工具，把小茶树挖来，移植在西洞庭的石山脚下，加以精心培育。几年以后，茶树长得枝壮叶茂，茶树散发出来的香气，吸引了远近乡邻。姑娘把采下来的芽叶泡茶招待大家，但见这芽叶满身茸毛，香浓味爽，大家赞不绝口，问这是何茶，姑娘随口答曰："吓煞人香。"

从此，吓煞人香茶渐渐引种繁殖，遍布了整个洞庭西山和东山，采制加工技术也逐步提高，逐步形成具有"一嫩三鲜"，即芽叶嫩，色、香、味鲜的特点，碧绿澄清，形似螺旋，满披茸毛，人们称之为"碧螺春"茶。

> **阅读链接**
>
> 民间还有一个碧螺春茶传说，说是王母娘娘派仙鹤传的茶种。当时，太湖东山有一个叫朱元正的果农正在东山灵源寺畔的半山腰采摘野果，但见一只洁白的仙鹤过头顶，张开嘴落下来三颗青褐色枇杷核大小的种子后，就朝着远方飞走了。
>
> 朱元正捡起来一看，才知道这是茶籽，于是他将这茶籽种在了山腰下。因为这茶树是仙鹤所赐，再加上朱元正独特的焙制法，所以这茶叶的味道醇美清香，茶农于是惊呼"吓煞人香"，"吓煞人香"于是便成为碧螺春的俗名。

历代文人与碧螺春为友

生于太湖之滨、洞庭山之巅的碧螺春,原只是山野之质,皆因天、地、人的宠爱才名满天下。东、西洞庭山,常年云蒸霞蔚,日月光华、天雨地泉浸浴着这里的茶树,也赋予其清奇秀美的气质。两山

■陆羽品茶雕像

陆羽（733—804），字鸿渐，唐代著名的茶文化家和鉴赏家。一名疾，字季疵，号竟陵子、桑苎翁、东冈子，又号"茶山御史"。陆羽一生嗜茶，精于茶道，对我国和世界茶业发展作出了卓越贡献，被誉为"茶仙"，尊为"茶圣"，祀为"茶神"。

树木苍翠，泉涧漫流。花清其香，果增其味，泉孕其肉，碧螺春花香果味的天然品质正是如此孕育而成。

唐代茶圣陆羽《茶经》中，把苏州洞庭山碧螺春列为我国重要的茶叶产地之一，载有"苏州长洲县生洞庭山，与金州、蕲州、梁州同"，此时的茶叶已经加工为蒸青团茶。

北宋乐史撰《太平环宇记》，其中记载："江南东道，苏州长洲县洞庭山。按《苏州记》云，山出美茶，岁为入贡。故《茶经》云，长洲县生洞庭山者，与金州、蕲州、梁州味同。"

在宋代，洞庭山有一座名为水月的寺院，院内的僧侣善制茶，名为水月茶，实为碧螺春，受到当时权贵的喜爱。此茶的品质比唐代陆羽写《茶经》时明显提高，已成为入贡的上品茶。

宋代诗人苏舜钦到西山水月坞，水月寺僧曾将焙

■ 陆羽撰写的《茶经》卷上

■ 明代唐寅《事茗图》局部

制的小青茶供其饮用，苏舜钦饮茶后，写下《三访上庵》诗赞此好茶。

到了明代，洞庭山出"云雾茶""雨前茗芽"。清初有"剔目""片茶"，并逐渐形成了碧螺春。

明正德元年，吴县人王鏊所著《姑苏志》，在土产条目中写道："茶。出吴县西山，谷雨前采焙极细者贩于市，争先腾价，以雨前为贵也。"王鏊在《洞庭山赋》中称为"雨前茗芽"。

明人王世懋撰《二酉委谭》，其中载："时西山云雾新茗初至，张右伯适以见遗。茶色白，大作豆子香，几与虎丘埒。"

碧螺春是非常幸运的，因为明代的文人们，几乎都视碧螺春如挚友。"吴门画派四家"的沈周、文徵明、唐寅、仇英，他们以茶入画入诗，煮茶论茗无一不精。尤其是唐伯虎，他的画非同一般，尤其是茶画，是明代茶画一绝。

苏舜钦（1008—1048），字子美，北宋诗人。曾任县令、大理评事、集贤殿校理，监进奏院等职。时人常将他与欧阳修并称"欧苏"；或与宋诗"开山祖师"梅尧臣合称"苏梅"。有《苏学士文集》《苏舜钦集》。

唐伯虎出身于一个小商人家庭，父亲唐广德因家道中落，在姑苏吴趋坊皋桥开酒店。当时文徵明父亲文林去酒店喝酒，见唐寅才学过人，决定让唐寅与文徵明一起拜吴门画派创始人沈周为师。从此唐寅的绘画天赋得到了充分展现。后与沈周、文徵明、仇英合称为"明四家"，与文徵明、祝允明、徐祯卿合称为"吴中四才子"。唐伯虎的画风纤柔委婉、清隽生动。

明代的茶艺思想有两个突出特点，一是哲学思想加深，主张契合自然，茶与山水、天地、宇宙交融；二是民间俗饮不断发展，茶人友爱、和谐的思想不断地深入影响各阶层的人民。因此，在明代的茶文化中，也突出地反映了这些特点。茶画，作为茶文化的重要组成部分，茶艺思想更为突出。

唐伯虎一生爱茶，与茶结下了不解之缘。他爱茶，喝茶写茶画茶，留下了《琴士图》《品茶图》《事茗图》等茶画佳作。

"吴中四杰"之一的高启，也是爱茶如命，其案头常置碧螺春茶，使其诗文爽朗清逸，留下《采茶词》《陆羽石井》《石井泉》《烹茶》等茶诗数十首。

明代，碧螺春因文人的佳文画作，逐渐变得声名远播。

阅读链接

《事茗图》是唐伯虎茶画中一幅体现明代茶文化的名作。画中，他用自己熟练的山水人物画法，勾勒出高山流水，巨石苍松，飞泉急瀑。这些景色，或远或近，或显或隐，近者清晰，远者朦胧，既有清晰之美，又有朦胧之韵。在画的正中，一条溪水弯曲汩汩流过，在溪的左岸，几间房屋隐于松、竹林中，房下是流水，房上是云雾缭绕。此景宛如世外桃源。唐伯虎的茶画意境优美，给人带来自然生机和文化希冀。

名扬天下的明清碧螺春

洞庭碧螺春产区是我国著名的茶、果间作区。茶树和桃、李、杏、梅、柿、桔、白果、石榴等果木交错种植,一行行青翠欲滴的茶蓬,像一道道绿色的屏风,一片片浓荫如伞的果树,蔽覆霜雪,掩映秋阳。

茶树、果树枝丫相连,根脉相通,茶吸果香,花窨茶味,陶冶着碧螺春花香果味的天然品质。

正如明代罗廪《茶解》中所说:"茶园不宜杂以恶木,唯桂、梅、辛夷、玉兰、玫瑰、苍松、翠竹之类与之间植,亦足以蔽覆霜雪,掩映秋阳。"

洞庭东山著名的碧螺春茶树,树高二三尺至七八尺,四时不凋,

洞庭碧螺春茶

■ 钱慧安画作《烹茶洗砚图》局部

王祯（1271—1368），字伯善，元代东平（今山东东平）人。我国古代农学、农业机械学家。1295年至1300年曾任宣州旌德及信州永丰县令。1298年造3万余木活字，排印《旌德县志》100部。约在1300年左右著成《王祯农书》（即《农书》）。

二月发芽，叶如栀子，秋花如野蔷薇，清香可爱，实如枇杷核而小。根一枝直下，不能移植。

碧螺春虽均产于洞庭山区，东西两山虽一脉相承，但中间隔着湖水，交通不便。所以，东西两山在相同的年份同时形成的碧螺春有先有后。

1595年前后，明代张源撰写的《茶录》中有许多关于茶的记录。《茶录》记称，这时洞庭西山一带，对于采茶的时间、天气、地点都有比较严格的要求。

"采茶之候，贵及其时。"太早则味不全，迟则神散。以谷雨前五日为上，后五日次之，再五日又次之。又提出彻夜无云，露采者为上，日中采者次之，阴雨中不宜采。并且对于茶树生态的环境、土质也有不同的要求，认为产谷中者为上，竹下者次之，烂石中者又次之，黄砂中者又次之。

碧螺春茶采摘时间较早，一般在谷雨前后采摘。炒制时要做到"干而不焦，脆而不碎，青而不腥，细而不断"。因此外形卷曲如螺，昔毫毕露，细嫩紧结，叶底如雀舌，水色浅，味醇而淡，香气清高持久，回味隽永。

关于制茶，芽茶、叶茶的制法，元人王祯《农书》和《农桑撮要》中就已记及,但讲的是蒸青制作,所载也很简略。

张源《茶录》中就不再提蒸青,专讲炒青,而且较为具体。其工序为将"新采"的鲜叶,拣去老叶及枝梗碎屑,茶锅广二尺四寸,将茶一斤半焙之。候锅极热,始下茶急炒。火不可缓,进行高温杀青。待熟方退火,然后撒入筛中,轻团数遍,进行揉捻,最后复下锅中,渐渐减火,焙干为度。

但是焙干还不算结束,《茶录》称在焙干后,要将"始干"的茶先盛盒中,外以纸封口,过三日,俟其性复,复以微火焙极干,待冷才能正式贮存坛中。

《茶录》不但对当时苏州洞庭炒青制茶工艺记述得很完整,而且对苏州和洞庭一带的制茶经验,总结得也很精辟。

张源认为,茶的好坏,在乎始造之精。《茶录》

蒸青 利用蒸汽杀青的一种制茶工艺。蒸青绿茶就是利用此工艺获得的成品绿茶。就是把采来的新鲜茶叶,经蒸青或轻煮"捞青"软化后揉捻、干燥、碾压、造形而成。这样制成的茶叶色绿汤绿叶绿,十分悦目。我国南宋时出现的佛家茶仪中使用的即是蒸青的一种"抹茶"。

■古画——制茶工艺

顾禄 字谨中，以太学生除太常典簿，后为蜀府教授。少有才名，嗜酒善诗，才情浪漫，有"西京诗博士，一代酒神仙"之美誉。精于隶书、行草。书法宗汉隶，结体工整，笔法圆转灵动，厚重古雅的风度。著有《桐桥倚棹录》。

中记载：

> 优劣定乎始锅，清浊系于末火。火烈香清，锅寒神倦；火猛生焦，柴疏失翠；久延则过熟，早起却还生。熟则犯黄，生则着黑。顺那则甘，逆那则涩。带白点者无妨，绝焦点者最胜。

这些归纳，总结了制造炒青各道工艺需要注意的要点，真切地代表和反映了明末清初苏州乃至整个太湖地区炒青传统制造技术的实际最高水平。

明代至清初，洞庭山的茶叶产品比较多。据清代王应奎《柳南随笔》记载：清圣祖康熙皇帝，于1699年春第三次南巡车驾幸太湖。巡抚宋荦从当地制茶高手朱正元处购得精制的"吓煞人香"进贡，康熙帝以

■ 清末任伯年《煮茶图》局部

其名不雅驯，取其色泽碧绿，卷曲似螺，春时采制，又得自洞庭碧螺峰等特点，钦赐其美名"碧螺春"。

自康熙赐名"碧螺春"之后，声名大震，成为清宫的贡茶。因清朝的历代皇帝视碧螺春为珍品，每年必办进贡朝廷，使得宫廷茗饮之风颇盛。内苏州碧螺春务府为此专门设立了"御茶房"。清代顾禄的《清嘉录》一书中特辑"茶贡"苏州碧螺春一节，以示对该茶的重视。

■《杏园夜宴图》

清明前后，枝盛叶茂，茶香飘逸。乾隆在太湖边品尝了碧螺春绿茶后，对其冲泡出来的绿汤澄汁，"一嫩三鲜"大加赞赏。"一嫩"即一芽，"三鲜"则指色香味。

在清王维德的《林屋民风》中记有"土产茶出洞庭包山者，名剔目，俗名细茶，出东山者品最上，名片茶苏州碧螺春。制精者价倍于松萝。"

在清方开济的《龙沙纪略》中记有"茶自江苏之洞庭山来，枝叶粗杂，函重两许，值钱七八文，八百函为苏州碧螺春一箱，蒙古专用，和乳交易，与布平行。"这说明上等的碧螺春价值很高。

这一时期，洞庭山的茶叶种类有西山云雾、包山剔目、东山片茶，也有专销蒙古的粗杂茶。除后者

松萝 别称女萝、女萝、松上寄生、松落、天棚草、雪风藤、山挂面、龙须草、金钱草、关公须、天蓬草、树挂、飞天蜈蚣、松毛、海风藤、石丝线、飞山翘、仙人头发、金丝藤、云雾草、老君须、胡须草、茶须、过山龙、石须等，为松萝科松萝以叶状体入药，清热解毒，止咳化痰，所含的松萝酸之抗菌作用尤为突出。

■ 清代茶楼场景

震钧（1857—1920），清代学者。满族。震钧在《茶说》中强调饮茶的环境和精神追求，认为工夫茶"可自怡，如果良辰胜日，知己三二，心暇于闲，清谈未厌，则可出而效技，以助佳兴；若俗冗相缠，众言嚣杂，既无清致，宁俟他辰。"

外，品质都是苏州碧螺春较优，可与同时期的"虎丘茶""松萝"媲美，而且在采摘时间、原料外观和内质等方面的要求开始趋向碧螺春。

碧螺春茶出现后，不仅借助帝王将相的青睐而名扬天下，更为重要的是，它吸引了众多文人学者的崇尚宣扬，以及对其生产、加工、包装销售、品饮技艺的不断提升。

清代的文人墨客、茶叶专家留下许多关于碧螺春的美好篇章。

清词人李药客盛赞碧螺春："谁摘碧天色，点入小龙团。太湖万顷水，渲染几经年。""……龙井洁，武夷润，岕山鲜。瓷瓯银碗同涤，三美一齐兼。"称赞碧螺春的魅力无限！

1845年，清人郑光祖在《一斑录杂述》中描述："茶贵新鲜，则色、香、味俱备。色贵绿；香贵清；味贵涩而甘。吸茗可以祛腥腻、润喉咙。不必希卢陆高风，而齿颊饶有韵趣。浙地以龙井之莲心芽，苏郡以洞庭山之碧螺春，均已名世。"从文中可知，碧螺春在清代已经名扬天下。

当碧螺春投入杯中以后，茶即沉底，瞬时间"白云翻滚，雪花飞舞"，清香袭人。茶在杯中，观其形，可欣赏到犹如雪浪喷珠，春染杯底，绿满晶宫的三种奇观。

清末震钧在《茶说》中道："茶以碧螺春为上，不易得，则苏之天池，次则龙井；岕茶稍粗……次六安之青者"。可见，碧螺春在历史上就荣以为冠。

碧螺春成为茶中珍品，绝非偶然。在采摘时间和制作工艺上都十分讲究，必须一丝不苟。

在采摘碧螺春之前，还需要细致周密的准备。离茶季一个月前，茶农要把竹匠请到家中，劈篾编做活修补茶篓。接着整修茶灶，购置茶锅，需用小石块擦洗，除去锈斑，至锅洁净发亮后才能炒茶。

小伙子们则要扎炒茶时必备的横形棕掸帚。因碧螺春搓团时，总有一些洁白的茸毛蓬到锅沿上，待茶叶起锅时，需用棕掸帚轻轻地把白毫毛掸入干茶中，茸毛越多，茶叶质量就越高。上山收集松针叶是迎茶的准备工作之一。火候是炒碧

古画《煮茶图》

■清古代制茶工艺

螺春的关键所在,灶火要随着炒茶手的需要,忽旺忽灭,瞬间变化。松针纤细易旺,用膛灰一压又易于熄灭,因而干松针是最为理想的炒茶燃料。

刚出道的炒茶新手,或想进一步提高炒茶手艺的小伙子,要把村中最有名的炒茶手请到家中,用紫砂壶泡一壶好茶,恭恭敬敬地把茶壶双手递给师傅,洗耳恭听,不请酒,但要付给师傅一定的酬金。

碧螺春茶从春分开始开采,至谷雨结束,采摘的茶叶为一芽一叶,对采摘下来的芽叶还要进行拣剔,去除鱼叶、老叶和过长的茎梗。一般多在清晨采摘,中午前后来拣剔质量不好的茶片,下午至晚上进行炒茶。

一斤碧螺春要用5.5万至6万个嫩芽制成,每个嫩芽又要拣去裤子瓣,成一旗一枪的嫩尖,壮如雀舌,一个人采半天茶,还需拣半天才能完成。但一到谷雨季节,茶芽生长特别快,就改为白天整日采茶,夜里拣剔与炒制,日夜忙碌了。

"洞庭无处不飞翠,碧螺春香万里醉。"后世根据碧螺春的特点,发展出一套茶艺,共十二道程序:

一为焚香通灵。我国茶人认为"茶须静品,香能通灵"。在品茶之前,首先点燃这支香,让心平静下来,以便以空明虚静之心,去体悟这碧螺春中所蕴含的大自然的信息。

二为仙子沐浴。晶莹剔透的玻璃杯子好比是冰清玉洁的仙子,"仙子沐浴"也就是再清洗一次茶杯,以表示对饮茶人的崇敬之心。

三为玉壶含烟。在烫洗了茶杯之后,不用盖上壶盖,而是敞着壶,让壶中的开水随着水汽的蒸发而自然降温。壶口蒸汽氤氲。

四为碧螺亮相。就是请客人传看碧螺春干茶的形美、色艳、香浓、味醇"四绝",赏茶是欣赏它的第一绝:"形美"。生产一斤特级碧螺春约需采摘七万个嫩芽,它条索纤细、满身披毫、银白隐翠,就像民间故事中娇巧可爱且羞答答的田螺姑娘。

五为雨涨秋池。向玻璃杯中注水,水只宜注到七分满,留下三分装情。正如唐代李商隐的名句"巴山夜雨涨秋池"的意境。

六为飞雪沉江。即用茶导将茶荷里的碧螺春依次拨到已冲了水的玻璃杯中去。满身披毫、银白隐翠的碧螺春如雪花纷纷扬扬飘落到杯中,吸收水分后即向下沉,瞬时间白云翻滚,雪花翻飞,煞是好看。

七为春染碧水。碧螺春沉入水中后,杯中的热水溶解了茶,逐渐变为绿色,整个茶杯好像盛满了春天的气息。

八为绿云飘香。这道程序是闻香,碧绿的茶芽,碧绿的茶水,在杯中如绿云翻滚,氤氲的蒸汽使得茶香四溢,清香袭人。

九为初尝玉液。品饮碧螺春应趁热连续细品。头一口如尝玄玉

> 李商隐(813—858),字义山,号玉溪生,又号樊南生,唐时河南荥阳人,唐朝著名诗人。擅长诗歌,骈文文学价值也很高,是晚唐最出色的诗人之一,与杜牧合称"小李杜",与温庭筠合称"温李",其诗构思新奇,风格秾丽,尤其爱情诗和无题诗写得优美动人,广为传诵。

■ 茶姑采茶塑像

之膏,云华之液,感到色淡、香幽、汤味鲜雅。

十为再啜琼浆。这是品第二口茶。二啜感到茶汤更绿、茶香更浓、滋味更醇,并开始感到了舌本回甘,满口生津。

十一为三品醍醐。在佛教典籍中用醍醐来形容最玄妙的"法味"。品第三口茶时,所品到的是太湖春天的气息,在品洞庭山盎然的生机,在品人生的百味。

十二为神游三山。古人讲茶要静品、慢品、细品,唐代诗人卢仝在品了七道茶之后写下了传诵千古的《茶歌》,在品了三口茶之后,继续慢慢地自斟细品,静心去体会七碗茶之后"清风生两腋,飘然几欲仙。神游三山去,何似在人间"的绝妙感受。

阅读链接

碧螺春又称佛心动。原来,有一位不知从哪里来的游方和尚,在洞庭东山化斋念佛,唯求素食果腹,但颇通禅礼,很受人们尊敬。有一年清明,和尚应邀到一个小镇人家念经超度亡灵,在途中一家茶棚歇脚。主人见到和尚来了,打招呼说:"和尚又要去那里?"

和尚戏谑说:"闲话休提,且上一碗浆水解渴。"

主人说:"有新茶碧螺春,给和尚沏一壶吧。"

和尚说:"出家人不贪口福,一碗浆水即可。"

和尚正在喝莲子浆水,茶棚已经三三两两地进来很多人喝茶,都点名要碧螺春。一会儿,一种清香扑鼻而来,顿觉身心清爽。和尚寻香发现是客人们喝的碧螺春的芳香,就向主人说:"给老衲也沏一杯碧螺春如何?"主人哈哈大笑说:"初请不吃称斋戒,芳香引得佛心动",从此,碧螺春又有了一个趣味生动的名字"佛心动"。

贡茶精品

庐山云雾

庐山云雾茶是我国名茶之一,始产于汉代,盛名于唐代,宋代列为贡品。庐山云雾茶芽壮叶肥、白毫显露、色翠汤清、滋味浓厚、香幽如兰。茶似龙井,可是比龙井醇厚;其色金黄像沱茶,又比沱茶清淡,宛如浅绿色碧玉盛在杯中。故以"香馨、味厚、色翠、汤清"而闻名于中外。

庐山云雾茶汤水清淡,宛若碧玉,有"匡庐奇秀甲天下,云雾醇香益寿年"的说法。由于饱受庐山流泉飞瀑的亲润、行云走雾的熏陶,从而形成了独特的醇香品质。

匡庐仙山云雾生美茶

庐山出产的云雾茶，民间流传着一个神奇的传说：

齐天大圣孙悟空在花果山当猴王的时候，常吃仙桃、瓜果、美酒。有一天，他忽然想起要尝尝玉皇大帝和王母娘娘喝过的仙茶，于

■ 云雾缭绕的庐山

■庐山茶园

是一个跟头就上了天,驾着祥云向下一望,见九洲南国一片碧绿,仔细看时,竟是一片茶树。

此时正值金秋,茶树已结籽,可是孙悟空却不知如何采种。这时,天边飞来了一群多情鸟,见到猴王后便问他要干什么,孙悟空说:"俺那花果山虽好但没茶树,想采一些茶籽去,但不知如何采得?"

众鸟听后说:"我们帮你采种吧。"说着,多情鸟们展开双翅,来到南国茶园里,一个个地衔了茶籽,往花果山飞去。多情鸟嘴里衔着茶籽,穿云层,越高山,过大河,一直往前飞。

谁知飞过庐山上空时,巍巍庐山胜景把它们深深地吸引住了,领头鸟竟然情不自禁地唱起歌来。领头鸟一唱,其他鸟跟着唱和。茶籽便从它们嘴里掉了下来,都掉进庐山群峰的岩隙之中了。

从此,云雾缭绕的庐山便长出一棵棵茶树,出产清香袭人的云雾茶了。

玉皇大帝 全称"昊天金阙无上至尊自然妙有弥罗至真玉皇上帝",又称"昊天通明宫玉皇大帝""玄穹高上玉皇大帝",居住在玉清宫。道教认为玉皇为众神之王,神权最大。玉皇大帝除统领天、地、人三界神灵之外,还管理宇宙万物的兴隆衰败、吉凶祸福。

杜牧（803—约852），字牧之，号樊川居士，唐代杰出的诗人、散文家，因晚年居长安南樊川别墅，故后世称为"杜樊川"，著有《樊川文集》。杜牧的诗歌以七言绝句著称，内容以咏史抒怀为主，其诗英发俊爽，多切经世之物，成就颇高。

仙山产好茶，庐山云雾茶历史极为悠久，东汉时佛教传入我国后，佛教徒便结舍于庐山。庐山在南北朝时就有众多的寺院，唐代大诗人杜牧有诗云："南朝四百八十寺，多少楼台烟雨中。"

当时的僧人众多，为了不在坐禅的时候打瞌睡，就喝茶提神，因此养成了爱喝茶的习惯。当时庐山的梵宫僧院多到300多座，僧侣云集。僧侣们攀崖登峰，种茶采茗。

在东晋时，庐山成为佛教的重要中心之一，高僧慧远率领徒众在山上居住30多年，山中也栽有茶树。慧远讲经制茶，还常以自制茶叶接待好友陶渊明，并留下东林寺"虎溪三笑"的传说。

虎溪在庐山东林寺前，相传慧远居东林寺时，养有一虎。慧远有一个习惯就是送客不过溪。一日陶渊明和道士陆修静来访，三个人谈得很投机。在相送时，慧远不觉过溪，这时虎就长啸，于是三人大笑而

■古代雀竹纹银茶壶

■道童献茶图

别。后人于此建三笑亭。

另据《庐山志》载:"庐山云雾……初由鸟雀衔种而来,传播于岩隙石罅间,又称钻林茶。"

钻林茶被视为云雾茶中的上品,但由于散生在荆棘横生的灌木丛中,寻觅艰难,不仅衣撕手破,而且量极少。过去,庐山云雾茶的栽培多赖于庐山寺庙的僧人,是他们清苦的汗水培育、浇灌了一茬又一茬的茶树。

关于僧人种植庐山云雾茶,当地还有一个传说:

在庐山五老峰下有一个宿云庵,老和尚憨宗移种野茶为业,在山脚下开了一大片茶园,茶丛长得极为茂盛。

有一年的四月,忽然冰冻3尺,这里的茶叶几乎全被冻死了。浔阳官府派衙役多人,到宿云庵找和尚憨宗,拿着朱票,硬是要买茶叶。憨宗向衙役们百般哀求:"这样的天寒地冻,园里哪有茶叶呢?"

后来憨宗被逼得没办法,不得已只得连夜逃走。九江名士廖雨,为和尚憨宗打抱不平,在九江街头到处张贴冤状,题《买茶谣》,对横暴不讲理的官府控诉。官府却不予理睬。

憨宗和尚逃走后，衙役们为了能在惊蛰摘取茶叶，清明节前送京，日夜击鼓擂锣，喊山出茶。每天深夜，把四周的老百姓都喊起来，赶上山，让他们摘茶。竟把憨宗和尚一园的茶叶，连初萌未展的茶芽都一扫而空了。

憨宗和尚满腔苦衷感动了上天。在憨宗悲伤的哭声中，从鹰嘴崖、迁莺石和高耸入云的五老峰巅，忽然飞来了红嘴蓝雀、黄莺、杜鹃、画眉等珍禽异鸟，唱着婉转的歌，不断地从云中飞来。

它们不断地撷取憨宗和尚园圃中隔年散落的一点点茶籽，把茶籽从冰冻的泥土中啄食出来，衔在嘴里，"唰"地飞到云雾中，将茶籽散落在五老峰的岩隙中。很快，岩隙中长起一片翠绿的茶树。

憨宗看得这高山之巅，云雾弥漫中失而复得的好茶园，心里高兴。他从心里感谢这些美丽的鸟儿！不久，采茶的季节到了，由于五老峰、大汉阳峰奇峰入云，憨宗实在无法爬上高峰云端去采撷茶叶，只好望着云端清香的野茶兴叹。

正在这时，忽然百鸟朝林，还是那些红嘴蓝雀、黄莺、画眉又从

云雾茶树

■庐山五老峰下的茶园

云中飞过来了,驯服地飞落在他的身边。憨宗把这些美丽的小鸟喂得饱饱的,然后在它们颈上各套一个口袋。这些小鸟们飞向五老峰、大汉阳峰的云雾中采茶。

憨宗抬头仰望高峰云端时,却见仙女翩舞,歌声嘹亮,在云雾中忙着采茶。憨宗真是惊喜万分。之后,这些山中百鸟将采得的鲜茶叶送到憨宗面前,然后经憨宗老和尚的精心揉捻,炒制成茶叶。

因为这种茶叶是庐山百鸟在云雾中播种,又是它们辛苦地从高山云雾中同仙女一起采撷下来的,所以称为"云雾茶"。

阅读链接

庐山北临长江,东毗鄱阳湖,平地拔起,峡谷深幽。由于江湖水汽蒸腾而成云雾,常见云海茫茫,年雾日195天之多。由于山高升温迟缓,候期迟,茶树萌发须在谷雨后,4月下旬至5月初。萌芽期正值雾日最多之时,造就云雾茶独特品质。尤其是五老峰与汉阳峰之间,终日云雾不散,所产之茶为最佳。由于天候条件,云雾茶比其他茶采摘时间晚,一般在谷雨后至立夏之间方开始采摘。以一芽一叶为初展标准,长约3厘米。成品茶外形饱满秀丽,色泽碧嫩光滑,芽隐露。茶汤幽香如兰,耐冲泡,饮后回甘香绵。

文人雅士赞美庐山茶

明代丁云鹏画作《玉川煮茶图轴》

唐代时，庐山茶已经很著名了。当时，文人雅士一度云集庐山，间接地推动了庐山茶叶的发展。

817年3月，当时被贬为江州司马的诗人白居易在庐山香炉峰下东林寺旁筑草堂居住，挖药种茶，很有些闲情逸致，并写下了《重题》一诗：

长松树下小溪头，斑鹿胎巾白布裘。
药圃茶园为产业，野麋林鹤是交游。
云生涧户衣裳润，岚隐山厨火烛幽。
最爱一泉新引得，清冷屈曲绕阶流。

白居易还在著名的《琵琶行》中

■茶道

写道："商人重利轻别离，前日浮梁买茶去。去来江口守空船。"在唐朝末年，浮梁是著名的茶市。

唐代，存初公在《天池寺》诗中写道："爽气荡空尘世少，仙人为我洗茶杯。"由仙人为其洗杯而品香茗，心中何等得意！

僧人齐己在《匡山寓居栖公》中说："树影残阳里，茶香古石楼。"与茶为伴的日子，真的好惬意。

常言道，好茶需要好水来泡。唐朝茶圣陆羽在其著作《茶经》中评天下二十水："庐山康王谷第一，……庐山栖贤寺下石桥潭水第六……"

最好的庐山山泉就是陆羽所说的庐山康王谷谷王洞的泉水。此泉泡茶，茶香清洌，茶汤甘甜。

庐山康王谷又名庐山垄。据《星子县志》记载："昔始皇并六国，楚康王昭为秦将王翦所窘，逃于此，故名。"

康王谷深山有泉，发源于汉阳峰，中道因被岩山

白居易（772—846），字乐天，号香山居士，又号醉吟先生，唐代伟大的现实主义诗人，与元稹共同倡导新乐府运动，世称"元白"，白居易的诗歌题材广泛，形式多样，语言平易通俗，有"诗魔"和"诗王"之称。与刘禹锡并称"刘白"。

御史 是我国古代一种官名。先秦时期，天子、诸侯、大夫、邑宰皆置，是负责记录的史官、秘书官。国君置御史，自秦朝开始，御史专门为监察性质的官职。三国时，曹魏于殿中省置殿中侍御史，西晋，有督运御史、符节御史、检校御史等。隋唐改检校御史为监察御史，明清，专设监察御史，隶都察院。

所阻，水流呈数百缕细水纷纷散落而下，远望似亮丽晶莹的珠帘悬挂谷中，因名谷帘泉。

"茶神"陆羽对泡茶的水很有研究，他遍游祖国的名山大川，品尝各地的碧水清泉。当年他来到庐山康王谷谷帘泉，品尝泉水之后，赞誉"甘腴清冷，具备诸美"；"庐山康王谷水帘水第一……"并记入《茶经》中。

在我国民间，还盛传着陆羽一"口"识破假谷帘泉的传说：

陆羽应洪州御史萧瑜之邀前往做客。在闲谈中，萧瑜对陆羽判定谷帘泉为天下第一名泉很不以为然，他说："天下名泉甚多，何以评谷帘泉为第一呢？"

陆羽为了让萧瑜信服，请他命士兵去康王谷汲取谷帘泉来亲自品评。两天过后，士兵汲水而归，陆羽便亲自以此泉水煎茶。在场的众宾客品茶后频频举盏,连连赞叹,都认为品尝到了佳泉美味。还有人称赞说:"鸿渐兄真不愧为评泉高手,谷帘泉果然名不虚传!"

陆羽听后甚为欣喜,当他自己举盏吸了一口,不觉皱眉惊问道:"咦!这水恐怕不是谷帘泉水吧?"众人闻言全都愣住了。萧瑜急忙把汲水的士兵唤来询问,可那士兵一口咬定是谷帘泉水。

正在难以定夺的尴尬时刻,江州刺史张又新赶到。他早就得知陆羽最爱谷帘泉,自己对煮茶也颇感兴趣,于是特地扛了一坛谷帘泉水前来助兴。

陆羽便用张又新带来的水煎茶,请众人重新品评。席上很快传来阵阵笑语,纷纷说道:"不怕不识货,只怕货比货,这水才无愧于谷帘泉之名。"

王翦 战国时期秦国名将,关中频阳东乡人,秦代杰出的军事家,主要战绩有破赵国都城邯郸,消灭燕、赵;以秦国绝大部分兵力消灭楚国。他与其子王贲一并成为秦始皇歼灭六国的最大功臣。杰出的军事指挥才能使其与白起、李牧、廉颇并列为战国四大名将。

■ 文徵明画作《林榭煎茶图》卷之二

黄庭坚（1045—1105），字鲁直，自号山谷道人，晚号涪翁，又称豫章黄先生。北宋诗人、词人、书法家，为盛极一时的江西诗派开山之祖。他跟杜甫、陈师道和陈与义素有"一祖三宗"之称。诗歌与苏轼并称为"苏黄"；书法与苏轼、米芾、蔡襄并称为"宋代四大家"。

此时，一旁的士兵早已经吓得说不出话来了。原来，他当时确实取到了谷帘泉水，但在返回途中经过鄱阳湖时，因为风浪甚大，一不小心把满坛的谷帘泉水给打翻了。为了不因误时受责，他便汲了一坛鄱阳湖的湖水来交差，不料却被陆羽一"口"识破了。

到了宋代，庐山云雾茶就颇为有名了，并成为朝中贡品。据《庐山志》卷十二载，商云小说《贡茶》中载"宋太平兴国中，庐山例贡茶，然山寒茶恒迟，类市之它邑充贡……"从中可见当时庐山茶的地位。

另据《九江府志》中所记载："……茶出于德安、瑞昌、彭泽，唯庐山所产，味香可啜。该山，尤以云雾茶为最惜，不可多得耳……"可见庐山云雾茶的珍稀。

到宋朝，庐山已有洪州鹤岭茶、洪州双井茶、白露、鹰爪等名茶。这时虽然未明确地见到云雾茶的出现，但从北宋诗人黄庭坚的诗中，隐约可见宋时已有云雾茶了。诗云："我家江南摘云腴，落硙霏霏雪不如。"这里所写的"云腴"是指白而肥润的茶叶；

■扇面《烹茶图》

"落磑霏霏雪不如"，说明磨中碾成粉末的茶叶，因多白毫，其白胜于雪。

南宋大诗人陆游在《游庐山东林记》中写有："食已煮观音泉，啜茶。""观音泉"即招贤泉，在招贤寺观音桥东北端桥头。虽经1000多年的沧桑，但仍涓流不息，尤其是观音桥头，石屋内清澈的泉水，映照着"天下第六泉"5个石刻大字，泉水终年不绝。游人至

包装好的成品茶

此，无不拿起竹筒，以畅饮为快，饮完抹嘴，顿觉心旷神怡，此水泡茶，其味更佳。

宋戴复古在《庐山》诗中写道："山灵未许到天池，又作西林一宿期。……暂借蒲团学禅寂，茶烟正绕鬓边丝。"有茶相伴，在茶烟中禅寂，本身就是一种难得的境界。

唐宋时文人雅士登庐山，品云雾，为庐山云雾茶后世得以扬名于天下奠定了基础！

阅读链接

浮梁位于赣东北，公元621年建县，初名新平，公元742年更名为浮梁。当地特产是"一瓷二茶"：举世闻名的瓷都景德镇在历史上长期隶属于浮梁县管辖，因而浮梁被誉为"世界瓷都之源"；唐代的浮梁茶也曾闻名天下，在敦煌遗书之《茶酒论》和白居易的《琵琶行》中分别留有"浮梁歙州，万国来求"与"商人重利轻别离，前月浮梁买茶去"的美名，于是又被人们赞为"中国名茶之乡"。

庐山云雾有"六绝"

明代时,庐山云雾茶被大面积地种植。古称"闻林茶"的庐山茶,从明代起始称"庐山云雾"。自此,"庐山云雾"之名开始出现在明《庐山志》中。

明太祖朱元璋曾屯兵庐山天池峰附近。朱元璋登基后,庐山的名望更为显赫。庐山云雾茶正是从明代开始生产,并迅速闻名全国。

对于庐山云雾茶的美好,明代文人对之赞誉之情颇多。明万历年间的李日华在《紫桃轩杂缀》中云:"匡庐绝顶,产茶在云雾蒸蔚中,极有胜韵。"

明王思伍在《游庐山记》

《采茶翁图》

中说："泉以轻妙，茶以白妙，豆叶菜以苦妙。"说明庐山茶以色白，即白毫多为佳。

在明代，有一则僧人追赠茶叶的佳话。诗人蔡毅中在《入楞枷院，慈济追送茶至，喜而赋赠》中云："远出栖贤寺，居然秋色寒。云迷天径小，日落露衣单。磐石留芝草，犁峰种木兰。凤团山上至，一饮可忘年。"诗中的"凤团"，指的就是茶。宋代贡茶也称"龙团""凤饼"。

■制茶工艺

明末清初时，庐山云雾茶的产量曾一度减少。这是由于野生的云雾茶生长在高寒的山崖上，产量十分有限。虽然当时庐山许多寺庙都有栽种云雾茶，但是由于天气寒冷、保护措施有限等原因，实际上生产出来云雾茶的总量不是很多。

随着清朝政局的稳定，庐山云雾茶逐渐恢复了生气。清人黄宗羲在《匡庐游录》中说：白石庵老僧"一心云，山中无别产，衣食取办于茶，……其在最高者为云雾茶，此间名品也。"说明当时庐山人以茶谋生，买卖云雾茶成为人们获取衣食的重要来源。

古往今来，许多文人雅士喜爱庐山云雾。据说清代有一位学者，为了探求庐山云雾的奥秘，曾在庐山大天池整整观看云海一百天。他对"一起千百里，一盖千百峰"的庐山云雾"爱如性命"，自称"云痴"，恨不得"餐云""眠云"，可见庐山云雾是多

李日华（1565—1635），字君实，一字九疑，号竹懒、痴居士等，明代官员、书画家。家有"鹤梦轩""六研斋""紫桃轩"等，作为其收藏书、画之所。藏书数量达数万卷，多为文学及历史类书籍。能书画，并善于鉴别。所作笔记，内容亦多评论书画，笔调清隽，富有小品意致。

■ 古代揉茶机

李绂（1675—1750），字巨来，号穆堂，清代著名的政治家、理学家和诗文家。后被梁启超称赞为"陆王派之最后一人"。他的作品主要有《穆堂类稿》《陆子学谱》《朱子晚年全论》《阳明学录》《八旗志书》。

么的令人心醉啊。

清人李绂在《六过庐山记》中说："山中皆种茶，循花径而下至清溪，……僧以所携瓶盎，就桥下吸泉，置石隙间。拾枯枝煮泉，采林间新茶烹之，泉冽茶香，风味佳绝。"可见当时庐山茶业的兴盛。

自古以来，茶与佛有着不解情缘。庐山僧人种茶、饮茶，是一种寄托，一种追求。僧人在种茶的劳作里，品茶的享受中，把自己与庐山山水融为一体，得到的是平和、宁静，进而"专思寂想"。因此，从茶的历史发展来看，茶是茶禅相通的最佳载体。

拥有高品质的云雾茶，不仅要具有理想的生长环境以及优良的茶树品种，还要具有精湛的采制技术。

由于气候条件，云雾茶比其他茶采摘时间晚，一般在谷雨后至立夏之间开园采摘。采摘标准为一芽一叶初展，长度不超过5厘米，剔除紫芽、病虫害叶。

采后摊于阴凉通风处，放置几个时辰后再进行炒制。

庐山云雾茶的加工制作十分精细，手工制作，初制分杀青、抖散、揉捻、炒二青、搓条、拣剔、烤干或烘干等工序，精制去杂、分级、匀堆装箱等工序。

每道工序都有严格的要求，如杀青要保持叶色绿翠；揉捻要用手工轻揉，防止细嫩断碎；翻炒动作要轻。经过一系列制作工序，才能保证云雾茶的品质。

首先是杀青。主要手法双手抛炒，先抖后闷，抖闷结合，每锅叶量较少，锅温不高，炒至青气散发，茶香透露，叶色由鲜绿转为暗绿，即为适度。

第二道工序是抖散。为了及时散发水分、降低叶温、防止叶色黄变，刚起锅杀青叶置于簸盘内，双手迅速抖散或簸扬十余次，这样可以使香味鲜爽、叶色翠绿、净度提高。

第三道工序是揉捻。一般用双手回转滚揉或推拉滚揉，但用力不能过重，以保毫保尖，当80%成条即为适度。

第四道工序是初干。揉捻叶放在锅中经过初炒，使含水量降至

■古代制茶工艺塑像

30%至35%，以抖炒为主。

第五道工序是搓条。搓条是进一步紧结外形散发部分水分。初干叶置于手中，双手掌心相对，四指微曲，上下理条，用力适当，反复搓条，直到条索初步紧结、白毫略为显露即可。

第六道工序是做毫。通过做毫，使茶条进一步紧结，白毫显露，茶叶握在手中，两手压茶并搓茶团，利用掌力使茶索断碎。

第七道工序是再干。锅温上升后，茶叶在锅中不断收堆，不断翻散，至含水量减少到5%至6%，用手捻茶可成粉时即行起锅。再干，手势要轻。干茶起锅后经适当摊放，经过筛分割即可。

庐山云雾茶的品质特征为：外形条索紧结重实，饱满秀丽；色泽碧嫩光滑，芽隐绿；香气芬芳、高长、锐鲜；汤色绿而透明；滋味爽快，浓醇鲜甘；叶底嫩绿微黄，鲜明，柔软舒展。

高级的云雾茶条索秀丽，嫩绿多毫，香高味浓，经久耐泡，为绿茶之精品。后世庐山云雾茶已畅销国内外，名扬世界，从昔日的"特供品"到"国礼茶"，向全世界展示着我国十大名茶的无穷魅力。

阅读链接

人们通常用"六绝"来形容庐山云雾茶，即"条索粗壮、青翠多毫、汤色明亮、叶嫩匀齐、香凛持久、醇厚味甘"。云雾茶风味独特，由于受庐山凉爽多雾的气候及日光直射时间短等条件影响，形成其叶厚，毫多，醇甘耐泡。在国际茶叶市场上，庐山云雾茶更是深受欢迎、供不应求的高档商品，"幸饮庐山云雾茶，更识庐山真面目"，这诗一般的赞语，足以说明它的地位和价值。

中华珍茗 名茶荟萃

武夷岩茶为乌龙茶类，有"茶中之王"的美誉，产于福建"奇秀甲东南"的武夷山。武夷岩茶具有绿茶之清香，红茶之甘醇，是我国乌龙茶中之极品。

福建安溪铁观音茶素有"茶王"之称，"砂绿起霜"成为铁观音高品级的标志，获得了"绿叶红镶边，七泡有余香"的美誉。

湖南岳阳君山银针是我国著名黄茶之一。清代，君山茶分为"尖茶""茸茶"两种。"尖茶"如茶剑，白毛茸然，纳为贡茶，素称"贡尖"。黄茶，轻微发酵。

河南信阳毛尖是我国著名毛尖茶，素来以"细、圆、光、直、多白毫、香高、味浓、汤色绿"的独特风格而饮誉中外。

武夷碧水丹山育岩茶

我国福建武夷山是大自然赐给人类的一块风水宝地。这块宝地的最大特征就是"碧水丹山"。远远望去，只见一座座雄峻挺拔，各具形态的巨大岩石山峰，在蓝天白云下如同一片片燃烧的红色火焰。

在这铺天盖地的红火间，还夹杂着一块块相互连接的苍翠树林；

■武夷山茶博园

峰岩下，是宛若玉带般绵延的澄碧溪流。峰壑中，则飘浮着棉絮般的洁白云雾。气势雄伟，景象瑰丽，变化多端，惊心动魄。

武夷山的土壤，正如古人所说的"上者生烂石，中者生砾壤，下者生黄土"，非常适合茶树生长。因此孕育出中华"茶中之王"武夷岩茶。

武夷山茶叶生产的历史悠久。早在商周时，武夷茶就被"濮闽族"的君长，在会盟伐纣时进献给周武王了。

■ 武夷山岩茶基地

西汉时，武夷茶已初具盛名。唐朝元和年间孙樵在《送茶与焦刑部书》中提到的"晚甘侯"是武夷茶别名的最早的文字记载。

到了宋代，武夷茶称雄国内茶坛。大文学家范仲淹有"溪边奇茗冠天下，武夷仙人从古栽"及"北苑将期献天子，林下雄豪先斗美"的诗句。

元明两朝，在九曲溪之第四曲溪畔，创设了皇家焙茶局，称之为"御茶园"，从此，武夷茶大量入贡。当时有诗人咏采摘御茶的诗篇中说：

采摘金芽带露新，焙芳封裹贡枫宸。
山灵解识君王重，山脉先回第一春。

武夷岩茶品目繁多，仅山北慧苑岩便有名丛800

武夷山 历史文化名山。早在新石器时期，古越人就已在此繁衍生息。西汉时，汉武帝曾遣使者到武夷山用乾鱼祭祀武夷君。唐玄宗大封天下名山大川，武夷山也受到封表。五代初把武夷山列为天下三十六洞天之一，称之为"第十六升真元化洞天"。宋代时祷雨获应，又封武夷君为显道真人。

■大红袍茶园

多种。主要有大红袍、铁罗汉、水金龟、白鸡冠、四季春、万年青、肉桂、不知春、白牡丹等等。而最负盛名的当数大红袍。

传说古时，有一穷秀才上京赶考，路过武夷山时，病倒在路上，幸被天心庙老方丈看见，泡了一碗茶给他喝，病就好了，后来秀才金榜题名，中了状元，还被招为东床驸马。

一个春日，状元来到武夷山谢恩，在老方丈的陪同下，前呼后拥，到了九龙窠，但见峭壁上长着三株高大的茶树，枝叶繁茂，吐着一簇簇嫩芽，在阳光下闪着紫红色的光泽，煞是可爱。

老方丈对状元说："当年你犯鼓胀病，就是用这种茶叶泡茶治好的。很早以前，每逢春日茶树发芽时，就鸣鼓召集群猴，穿上红衣裤，爬上绝壁采下茶叶，炒制后收藏，可以治百病。"

状元听了，就要求采制一盒进贡皇上。第二天，庙内烧香点烛、击鼓鸣钟，召来大小和尚，向九龙窠进发。众人来到茶树下焚香礼拜，齐声高喊："茶发芽！"然后采下芽叶，精工制作，装入锡盒。

状元带了茶进京后，正遇皇后肚疼鼓胀，卧床不起。状元立即献茶让皇后服下，果然茶到病除。

皇上大喜，将一件大红袍交给状元，让他代表自己去武夷山封赏。一路上礼炮轰响，火烛通明，到了

秀才 别称茂才，原本指称才能秀异之士。汉晋南北朝，秀才变成荐举才的科目之一。汉时开始与孝廉并为举士的科名，东汉时避光武帝刘秀讳改称"茂才"。唐初曾与明经、进士并设为举士科目，旋停废。唐宋间凡应举者皆称秀才，明清则称入府州县学生员为秀才。

九龙窠,状元命一樵夫爬上半山腰,将皇上赐的大红袍披在茶树上,以示皇恩。

说也奇怪,等掀开大红袍时,三株茶树的芽叶在阳光下闪出红光,众人说这是大红袍染红的。

后来,人们就把这三株茶树叫作"大红袍"了。有人还在石壁上刻了"大红袍"3个大字。从此大红袍就成了年年岁岁的贡茶。

"铁罗汉"是武夷最早的名丛。传说武夷山慧苑寺一僧人叫积慧,专长铁罗汉叶采制技艺,他所采制的茶叶清香扑鼻、醇厚甘爽,寺庙四邻八方的人都喜欢和他所制的茶叶。他长得黝黑健壮,身体彪大魁梧,像一尊罗汉,乡亲们都称他"铁罗汉"。

铁罗汉 传说西王母慢亭招宴,五百罗汉开怀畅饮,掌管茶树的罗汉醉得更深,在途经慧苑坑上空时,将手中的茶树折断,落在慧苑坑里,被一老农捡回家。罗汉托梦给老农嘱咐他将茶树枝栽在坑中,制成铁罗汉,能治百病。故命名为铁罗汉。

有一天,积慧在蜂窠坑的岩壁隙间,发现一棵茶树,那树冠高大挺拔,枝条粗壮呈灰黄色,芽叶毛绒绒又柔软如绵,并散发出一股诱人的清香气。

■ 大红袍茶树

积慧采下嫩叶带回寺中制成岩茶,请四邻乡亲一起品茶。大家问:"这茶叫什么名字?"他答不上来,只好把经过讲出来。大家听了后认为,茶树是他发现的,茶是他制的,此茶就叫"铁罗汉"吧!

清代郭柏苍《闽产录异》记载:"铁罗汉、坠柳条,皆宋树,又仅止一株,年产少许。"传说原产地在慧苑岩内

知府 官名。宋代至清代地方行政区域"府"的最高长官。唐以建都之地为府，以府尹为行政长官。宋升大郡为府，以朝臣充各府长官，称以某官知某府事，简称知府。明以知府为正式官名，为府的行政长官，管辖所属州县。清沿明制不改。知府又尊称太守、府尊，亦称黄堂。

鬼洞和竹窠岩长窠。据传，惠安施集泉茶店经营武夷岩茶，以"铁罗汉"最为名贵，有疗热病的功效，极受欢迎。

关于"白鸡冠"茶，相传与明代僧人圆慧有关：

明朝年间，武夷山慧苑寺有一位僧人，名圆慧。他为人善良，待人接物总是笑脸相迎，人们称之为"笑脸罗汉"。笑脸罗汉除了念经参禅外，还管理着一片茶园。

一天清晨，笑脸罗汉早课完毕，立即扛着锄头到火焰岗茶园锄草。当他锄到岩边的茶畦时，突然从山岗上传来一阵锦鸡的惨叫声。

笑脸罗汉循声望去，原来一只老鹰要捕捉幼小的锦鸡，一只母白锦鸡正与它对抗。笑脸罗汉赶忙跑了过去，赶跑了老鹰，不过还是晚了，母白锦鸡已经死了。他顺手把母白锦鸡埋在了一株茶树下。

第二年春天，笑脸罗汉发现那一株茶树长得与

■ 大红袍茶树

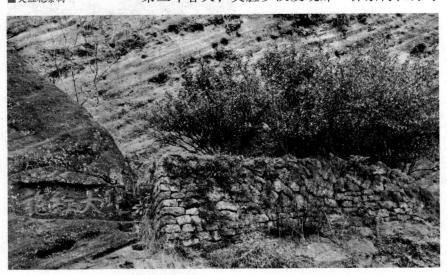

众不同。叶片是白色的，往上向内卷起，形似鸡冠，在阳光照耀下，闪闪发光。

笑脸罗汉把白鸡冠茶树的叶片采下，精制成茶叶，竟然满室生香。冲泡后的白鸡冠散发着阵阵清幽的兰花香气，直透肺腑，令人心旷神怡，饮后更是满口生津，回味无穷。笑脸罗汉视白鸡冠为珍宝，用锡罐收藏起来。

有一年的夏天，建宁知府带着眷属来武夷山游览，途经慧苑寺时，他的公子突然腹痛难忍，请笑脸罗汉诊病。笑脸罗汉把脉后，从锡罐中取出少许白鸡冠冲泡，请公子服下。没过多久，公子就病愈了。知府大人询问是何神丹妙药？笑脸罗汉回道："此乃白鸡冠茶。"

随后，知府向皇帝奏献此茶，皇帝尝后认为白鸡冠是茶中上品，于是要求每年封制进贡，一直延续至清代。从此一传十，十传百，白鸡冠茶名闻遐迩。

武夷岩茶堪称我国乌龙茶的始祖，发源于明末清初，在特殊的气候条件和适宜的品种前提下用一种特殊工艺形成的茶类，鲜叶要求新梢生长均臻完熟，俗称开面采。

武夷岩茶绿叶红镶边，形态艳丽；深橙黄亮，汤色如玛瑙；岩韵醇厚，茶香怡人；清鲜甘爽回味悠悠。它既有红茶的甘醇，又有绿茶的清香，是"活、

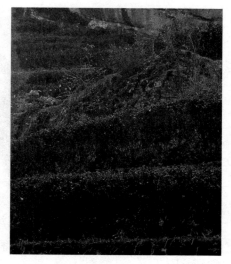

■ 武夷山茶园

乌龙茶 亦称青茶、半发酵茶，是我国几大茶类中独具鲜明特色的茶叶品类。乌龙茶是经过杀青、萎凋、摇青、半发酵、烘焙等工序后制出的品质优异的茶类，由宋代贡茶龙团、凤饼演变而来，创制于1725年前后。

甘、清、香"齐备的茶中珍品。

武夷岩茶香气馥郁，胜似兰花而深沉持久，性和不寒，久藏不坏，香久益清。成茶茶条壮结、匀整，色泽绿褐鲜润，称为"宝色"；部分叶面呈现蛙皮状白点，俗称"蛤蟆背"。冲泡后茶汤呈深橙黄色，叶底软亮，叶缘朱红，叶中央淡绿带黄，称"绿叶镶红边"，呈三分红七分绿。因此袁枚说："尝尽天下之茶，以武夷山顶所生，冲开白色者为第一。"

武夷岩茶的典型特征，可以用"岩韵"两个字来概括，是指乌龙茶优良品种、生长在武夷山丹霞地貌内、经武夷岩茶传统栽培制作工艺加工而形成的茶叶香气和滋味。

清乾隆年间，有一天，乾隆皇帝处理完手边的奏章，喝到了刚刚进贡的大红袍，这种味道让他一见倾心，于是提笔写下"就中武夷品最佳，气味清和兼骨鲠"，寥寥几笔就精准地形容出大红袍的精妙所在。这里的"骨鲠"即是"岩韵"。乾隆遂成为品出大红袍"岩韵"的第一人。

"岩韵"可意会不可言传，清代梁章钜与武夷山天游观道士静参品茶论道时，曾把这种"岩韵"特色，归结为四个字，即：活、甘、清、香。这活、甘、清、香四字，比较确切地概括了武夷岩茶的内

■ 清代珐琅彩胭脂紫刻花茶壶

徐渭（1521—1593），初字文清，后改字文长，号天池山人，或署田水月、田丹水、青藤老人、青藤道人等别号。明代文学家、书画家、军事家、美食家、历史学家。与解缙、杨慎并称"明代三大才子"。

质。优质武夷岩茶着重"岩韵",亦就是岩茶品具"岩骨花香"之胜。其中所指的"岩骨"通俗称"岩石味"是一种味感特别醇而厚,而能长留舌本回味持久深长的感觉。

岩骨花香中的"花香"并不像花茶一样,以其加花窨制而成的香,而是茶青在武夷岩茶特有的加工工艺中自然形成的花香,品种不同有各种特有的品种香,但香气要求锐则浓长、馥郁具幽兰之胜。

后世相沿,武夷岩茶具有"五美":

首先是自然清静的环境美:自古以来品茗讲究外在环境和内在精神和谐统一。自然清静的环境是品茶者修身养性,陶冶情趣的一种精神享受。徐渭在其《煎茶七略》中云:"品茶宜精舍、宜云林、宜永昼清谈、宜寒宵几坐、宜松月下、宜花鸟间、宜清流白云、宜绿藓苍苔、宜素手汲泉、宜红妆抱雪、宜船头吹火、宜竹里飘烟。"

其次为清轻甘活的水质美:烹茶择水,可谓我国古人饮茶的传统。水之于茶,尤如阳光之于万物,玫瑰之于爱情。只有纯洁甘冽的水才能赋予茶以生命,让人们在品赏它的色、香、味、形的同时,对身体起到保健疏导作用。

■茶园风光

其三为巧夺天工器之美:我国的品茶艺术,最注重韵味和情趣。所以品茗讲究好茶配珍贵茶具。壶添品饮情趣,茗增壶艺价值,恰如红花绿叶,相映生辉。"黄金碾畔绿尘飞,碧玉瓯中翠涛起",这是对品茗习俗的生动写照,可见茶具在品茗中的地位。

其四为高雅温馨的气氛美:

品茗是一种精神上的享受,所以不仅要求环境美,而且非常重视气氛美。要营造一个高雅温馨的气氛,使品茶者进入一个艺术的氛围和崇高的境界,从而最大程度地获得精神愉悦,体味高雅的品茗情趣。武夷山御茶园和茶观在这方面各有其独到之处。

最后是妙趣横生的茶艺美:茶艺是以茶为载体,以茶馆或舞台为展示场所,并以古曲音乐、表演等多种艺术形式向饮茶人和来宾演示茶的冲、泡、饮等技艺,武夷茶艺一共有27道程序,高雅美妙。其表现的形式和种类很多,有表演型、待客型、实用型,有绿茶茶艺、花茶茶艺、乌龙功夫茶、"禅茶"等等。还有地方特色的茶艺。

阅读链接

关于"白鸡冠"茶,民间还流传着一个动人的传说:古时候武夷山有位茶农。一日他的岳父过生日,他就抱着家里的一只大公鸡去祝寿。一路上,太阳火辣辣的,他被炙烤得受不了了。走到慧苑岩附近时,他就把公鸡放在一棵树下,自己找个阴凉的地方,拿下斗笠扇凉。不一会,听到公鸡"喔"地一声惨叫。茶农暗叫"不好",赶忙跑过去看,只见一条拇指粗的青蛇从他脚边爬过。再看大公鸡,脑袋耷拉着,殷红的血从冠上往下流,一滴一滴地落在一棵茶树根上。茶农只好在茶树下扒了个坑将大公鸡埋了,空手去岳父家祝寿。

说来奇怪,这棵茶树打那以后,长势特别旺盛,枝繁叶茂,那满树的叶子一天天地由墨绿变成淡绿,由淡绿又变成淡白,几丈外就能闻到它那股浓郁的清香。制成的茶叶,颜色也与众不同,别的茶叶色带褐色,它却是在米黄中呈现出乳白色;泡出来的茶水晶亮晶亮的,还没到嘴边就清香扑鼻;啜一口,更觉清凉甘美,连那茶杆嚼起来也有一股香甜味,真是美极了。人们就叫这种茶为"白鸡冠茶"。

乌龙茶珍品安溪铁观音

唐末宋初,有位裴姓高僧住在安溪驷马山东边圣泉岩的安常院,他自己做茶并传授乡人,乡人称茶为圣树。

1083年,安溪大旱,请来"清水祖师"普足大师祈雨,果然应

■陈年铁观音

铁观音

验，乡亲留普足大师于清水岩，他建寺修路恩泽于乡民，他听说圣茶的药效，不远百里到圣泉岩向乡民请教种茶和做茶，并移栽圣树。

一天，普足大师沐浴更衣梵香后，便前往圣树准备采茶。突然间发现有一只美丽的凤凰正在品茗红芽，不久又来有小黄鹿来吃茶叶，他眼见此情景，非常感叹："天地造物，果真圣树"。

清水祖师回寺做茶，用圣泉泡茶，他思忖："神鸟、神兽、僧人共享圣茶，天圣也。"此后，天圣茶成为他为乡民治病之圣方。

清水祖师也将自己种茶及作茶的方式传给乡民，当时南岩山麓有一位退隐将军"乌龙"，因他上山采茶追猎无意发明摇青工艺及发酵工艺，做出的天圣茶香气更足，味更甘醇。乡亲向他学习，以后，用此工艺做的茶大家都叫乌龙茶。

铁观音属于乌龙茶，又称青茶，它主要介于绿茶和红茶之间，属于半发酵的茶类，是我国绿茶、红茶、青茶、白茶、黄茶、黑茶六大茶类之一。乌龙茶采制工艺的诞生，是对我国传统制茶工艺的又一重大革新。

安溪产茶始于唐末，在宋元时期，铁观音产地安溪不论是寺观或农家均已产茶。据《清水岩志》载：

清水高峰，出云吐雾，寺僧植茶，饱山岚之气，沐日月之精，得烟霞之霭，食之能疗百病。老寮等属人家，清香之味不及也。鬼空口有宋植二三株，其味尤香，其功益大，饮之不觉两腋风生，倘遇陆羽，将以补茶话焉。

明清时期，是安溪茶叶走向鼎盛的一个重要阶段。明代，安溪茶业生产的一个显著特点是饮茶、植茶、制茶广泛传遍至全县各地，并迅猛发展成为农村的一大产业。

1720年前后，安溪尧阳松岩村有个老茶农，名叫魏荫，他勤于种茶，善做乌龙茶，又笃信佛教，敬奉观音。每天早晚一定在观音佛前敬奉一杯清茶，几十年如一日，从未间断。

有一天晚上，魏荫睡熟了，蒙眬中梦见自己扛着锄头走出家门，他来到一条溪涧旁边，在石缝中忽然发现一株茶树，枝壮叶茂，芳香诱人，跟自己所见过的茶树不同……

第二天早晨，魏荫顺着昨夜梦中的道路寻找，果然在观音仑打石坑的石隙间，找到梦中的茶树。仔细观看，只见茶叶椭圆，叶肉肥厚，嫩芽紫红，青翠欲滴。魏荫十分高兴，将这株茶树挖回种在家中一口铁鼎里，悉心培育。因这茶是观音托梦得到的，于是取名为"铁观音"。

> **观音** 观世音菩萨，略称为观音。观世音菩萨是佛教中慈悲和智慧的象征，无论在大乘佛教还是在民间信仰，都具有极其重要的地位。以观世音菩萨为主导的大慈悲精神，被视为大乘佛教的根本。

■武夷山茶园

方苞（1668—1749），字灵皋，亦字凤九，晚年号望溪，亦号南山牧叟。桐枞"桂林方氏"十六世祖，与明初大思想家方以智同属"桂林方氏"大家族。是清代散文文家，桐城派散文创始人，与姚鼐、刘大櫆合称桐城三祖。

乾隆年间，安溪西坪南岩仕人王士让曾出任湖广黄州府蕲州通判，曾经在南山之麓修筑书房，取名"南轩"。1736年的春天，他与诸友会文于"南轩"。每当夕阳西坠时，就徘徊在南轩之旁。

有一天，王士让偶然发现层石荒园间有株茶树与众不同，就把它移植在了南轩的茶圃里，朝夕管理，悉心培育，年年繁殖，茶树枝叶茂盛，圆叶红心，采制成品，乌润肥壮，泡饮之后，香馥味醇，沁人肺腑。

王士让奉召入京时，谒见礼部侍郎方苞，并把这种茶叶送给方苞，方侍郎闻其味非凡，便转送内廷，皇上饮后大加赞誉，垂问尧阳茶史，因此茶乌润结实，沉重似铁，味香形美，犹如"观音"，于是赐名"铁观音"。

松岩村魏荫发现是真，王仕让转进、乾隆赐名也是史实，故两人对"铁观音"均功不可没。

■茶具

■铁观音

茶树良种铁观音树势不大,枝条披张,叶色深绿,叶质柔软肥厚,芽叶肥壮。采用铁观音良种芽叶制成的乌龙茶也称铁观音茶,因此,"铁观音"既是茶树品种名,也是茶名。"铁观音"茶树天性娇弱,产量不大,所以便有了"好喝不好栽"的说法,"铁观音"茶从而也更加名贵。

铁观音主产区在西部的"内安溪",这里群山环抱,峰峦绵延,云雾缭绕,年平均气温15至18度,无霜期260至324天,年降雨量充沛,有"四季有花常见雨,一冬无雪却闻雷"之谚。土质大部分为酸性红壤,土层深厚,特别适宜茶树生长。

茶香四溢的"铁观音",让安溪人"斗"起茶来个个底气十足。安溪铁观音的制作综合了红茶发酵和绿茶不发酵的特点,采回的鲜叶力求完整,然后进行晾青、晒青和摇青。

铁观音是乌龙茶的极品,其品质特征是:茶条卷曲,肥壮圆结,沉重匀整,色泽砂绿,整体形状似蜻蜓头、螺旋体、青蛙腿。冲泡后汤色金黄浓艳似琥珀,有天然馥郁的兰花香,滋味醇厚甘鲜,回甘悠

清宜兴窑炉钧釉茶壶

久,俗称有"音韵"。铁观音茶香高而持久,可谓"七泡有余香"。

最核心特征是干茶沉重,色墨绿;茶汤香韵明显,极有层次和厚度;叶底肥厚软亮。

鉴别精品铁观音是一项高深的学问,安溪著名茶师和老茶民观形闻香即可鉴别茶叶优劣,高者能品断是茶产何地何村,几年生茶树,特点突出者还能品味出自哪位茶师之手。

品饮铁观音可从"观形、听声、察色、闻香、品韵"入手,辨别茶叶优劣。

观形:优质铁观音茶条卷曲、壮结、沉重,呈青蒂绿腹蜻蜓头状,色泽鲜润,砂绿显,红点明,叶表带白霜。

听声:精品茶叶较一般茶叶紧结,叶身沉重,取少量茶叶放入茶壶,可闻"当当"之声,其声清脆为上,声哑者为次。

察色:汤色金黄,浓艳清澈,茶叶冲泡展开后叶底肥厚明亮,具有光泽,此为上,汤色暗红者次之。

闻香:精品铁观音茶汤香味鲜溢,启盖端杯轻闻,其独特香气即芬芳扑鼻,且馥郁持久,令人心醉神怡。

安溪铁观音所含的香气成分种类最为丰富,而且中、低沸点香气组分所占比重明显大于用其他品种茶树鲜叶制成的乌龙茶。因而安溪铁观音独特的香气令人心怡神醉,一杯铁观音,杯盖开启立即芬芳扑鼻,满室生香。

品韵：古人有"未尝甘露味，先闻圣妙香"之妙说。细啜一口，舌根轻转，可感茶汤醇厚甘鲜；缓慢下咽，回甘带密，韵味无穷。至于独特的"观音韵"，则只可意会不能言传，这也正是安溪铁观音之魅力所在。

铁观音问世后，迅速传播到周边的虎邱、大坪、龙涓、芦田、尚卿、长坑等乡镇，因其品质优异、香味独特，各地相互仿制。

1896年，安溪人张乃妙、张乃乾兄弟将铁观音传至台湾木栅区。并先后传到福建省的永春、南安、华安、平和、福安、崇安、莆田、仙游等县和广东等省。

这一时期，安溪乌龙茶生产技术也不断向海外广泛传播，铁观音等优质名茶声誉日增。

清末，台湾著名历史学家、诗人连横在《剑花室诗集》中，曾以"茶"为题做诗22首，其之七为：

>　　安溪竞说铁观音，露叶疑传紫竹林。
>　　一种清芬忘不得，参禅同证木樨心。

阅读链接

铁观音因为工艺关系，可以分为清香型与浓香型。市场上常见的有清香型、韵香型、浓香型等。严谨来说，两个大类区分，清香型与浓香型。其余香型类的都可以归类到清香型里。清香型是市场上常见的清汤绿水，干茶带兰花香或其他花香型的铁观音。

因为工艺的不同，香气上口感上都有一定区别。常见的制作工艺有消青，正炒，脱酸。浓香型的铁观音是在清香型铁观音基础上炭焙而来的。干茶颜色上暗黄，茶汤口感浓，故称浓香型，香气表现为焦糖香，果香等，类似岩茶的口感。

金镶玉质的君山银针茶

唐代初年,有一位名叫白鹤真人的云游道士从海外仙山归来,随身带了八株神仙赐予的茶苗,将它种在湖南岳阳洞庭湖中的君山岛上。后来,他修起了巍峨壮观的白鹤寺,又挖了一口白鹤井。

白鹤真人取白鹤井水冲泡仙茶,只见杯中一股白气袅袅上升,水气中一只白鹤冲天而去,此茶由此得名"白鹤茶"。又因为此茶颜色金黄,形似黄雀的翎毛,所以别名"黄翎毛"。

■铁观音

后来,此茶传到长安,深得天子宠爱,遂将白鹤茶与白鹤井水定为贡品。

有一年进贡时,船过长江,由于风浪颠簸把随船带来的白鹤井水给泼掉了。押船的州官吓得面如土色，急中生智，只好取江水鱼目混珠。运到长安后，皇帝泡茶，只见茶叶上下浮沉却不见白鹤冲天，心中纳闷，随口说道："白鹤居然死了！"

岂料金口一开，即为玉言，从此白鹤井的井水就枯竭了，白鹤真人也不知所踪。但是白鹤茶却流传下来，即是后世的君山银针茶。

■ 白毫银针茶

君山又名洞庭山，岛上的土壤肥沃，多为砂质土壤，年平均温度适宜，年降雨量充沛，相对湿度较大，气候非常湿润。春夏季湖水蒸发，云雾弥漫，岛上的树木丛生，自然环境非常适宜茶树生长，因而山地遍布茶园。

君山茶历史悠久，据说君山茶的第一颗种子还是四千多年前娥皇、女英播下的。唐代就已大量生产、出名。据说文成公主出嫁时就选带了君山银针茶入西藏。此茶芽头茁壮，紧实而挺直，白毫显露，茶芽大小长短均匀，形如银针，内呈金黄色。

饮用时，将君山银针放入玻璃杯内，以沸水冲泡，这时茶叶在杯中一根根垂直立起，踊跃上冲，悬空竖立，继而上下游动，然后徐徐下沉，簇立杯底。军人视之谓"刀枪林立"，文人赞叹如"雨后春笋"，艺人偏说是"金菊怒放"。君山银针茶汁杏黄，香气清鲜，叶底明亮，又被人称作"琼浆玉液"。

洞庭湖 我国第二大淡水湖，位于湖南省北部，洞庭湖南纳湘、资、沅、澧四水汇入，北由东面的岳阳城陵矶注入长江，号称"八百里洞庭""鱼米之乡"。洞庭湖据传为"神仙洞府"的意思。湖北和湖南之称，也就是来源于洞庭湖。

■ 唐镏金鸿雁流云纹茶碾子

后唐的第二个皇帝明宗李嗣源第一回上朝的时候，侍臣为他捧杯沏茶时，开水向杯里一倒，马上看到一团白雾腾空而起，慢慢地出现了一只白鹤。这只白鹤对明宗点了三下头，便朝蓝天翩翩飞去了。

明宗再往杯子里看，杯中的茶叶都齐崭崭地悬空竖了起来，就像一群破土而出的春笋。过了一会，又慢慢下沉，就像是雪花飘落一般。

明宗感到很奇怪，就问侍臣是什么原因。侍臣回答说"这是君山的白鹤泉水，泡黄翎毛缘故。"明宗心里十分高兴，立即下旨把君山银针定为"贡茶"。

白鹤泉即流淌着爱情传说的柳毅井，明代文学家谭元春有《汲君山柳毅水试茶于岳阳楼下（三首）》：

李嗣源（866—933），沙陀部人，原名邈吉烈，李克用养子，五代时期后唐第二位皇帝，926年至933年在位。即位后改名亶，改元天成。杀酷吏孔谦，褒廉吏，罢宫人、伶官，废内库，注意民间疾苦。后因从荣举兵反，饮恨而死。谥号圣德和武皇帝，庙号明宗，葬于徽陵。

    湖中山一点，山上复清泉。
    泉熟湖光定，瓯香明月天。

    临湖不饮湖，爱汲柳家井。
    茶照上楼人，君山破湖影。

不风亦不云，静瓷擎月色。

巴丘夜望深，终古涵消息。

到了清朝时，君山银针被列为"贡茶"。据《巴陵县志》记载："君山产茶嫩绿似莲心。""君山贡茶自清始，每岁贡十八斤。""谷雨前，知县邀山僧采制一旗一枪，白毛茸然，俗称白毛茶"。

又据《湖南省新通志》记载："君山茶色味似龙井，叶微宽而绿过之。"古人形容此茶如"白银盘里一青螺"。

清代君山茶分为"尖茶""茸茶"两种。"尖茶"如茶剑，白毛茸然，纳为贡茶，素称"贡尖"。君山银针茶不仅香气清高，味醇甘爽，汤黄澄高，芽壮多毫，条真匀齐，白毫如羽，而且冲泡后，芽竖悬汤中冲升水面，徐徐下沉，再升再沉，三起三落，蔚成趣观。

君山银针的采摘和制作都有严格要求，每年只能在"清明"前后七天到十天采摘，采摘标准为春茶的首轮嫩芽。而且还规定："雨天不采""风伤不采""开口不采""发紫不采""空心不采""弯曲不采""虫伤不采"等九不采。

清代民间茶坊

娥皇 女英 我国古代传说中尧的两个女儿，也称"皇英"。姐妹同嫁帝舜为妻。二妃死于江湘之间。自秦汉时起，湘江之神湘君与湘夫人的爱情神话，被演变成舜与娥皇、女英的传说。后世因附会称二女为"湘夫人"。

■ 清雍正款茶叶末釉牺耳尊

君山银针叶片的长短、宽窄、厚薄均是以毫米计算，一斤银针茶，约需十万五千个茶芽。因此，就是采摘能手，一个人一天也只能采摘鲜茶一两，制作这种茶，要经过杀青、摊晾、初烘、初包、再摊晾、复烘、复包、焙干8道工序，需三四天方可制成。

君山银针是一种较为特殊的茶，它有幽香，有醇味，具有茶的所有特性。而且从品茗的角度而言，又是一种重在观赏的特种茶，因此，特别强调茶的冲泡技术和程序。

第一道程序"焚香"：古人云"焚香静气可通灵"。"茶须静品，香可通灵"。品饮像君山银针这样文化沉积厚重的茶，更须要静下心来，才能从茶中品味出中华民族的传统精神。

第二道程序"涤器"：品茶的过程是茶人澡雪自己心灵的过程，烹茶涤器，不仅是洗净茶具上的尘埃，更重要的是在澡雪茶人的灵魂。

第三道程序"鉴茶"：美其名曰"娥皇女英展仙姿"。品茶之前首先要鉴赏干茶的外形、色泽和气味。相传四千多年前舜帝南巡，不幸驾崩于九嶷山下，他的两个爱妃娥皇和女英前来奔丧，在君山望着烟波浩渺的洞庭湖放声痛哭，她们的泪水洒到竹子上，使竹竿染上永不消褪的斑斑泪痕，成为湘妃竹。

她们的泪水滴到君山的土地上，君山上便长出了象征忠贞爱情的君山银针茶。

第四道程序"投茶"：称之为"帝子沉湖千古情"，娥皇、女英是尧帝的女儿，所以也称之为"帝子"。她们为了奔夫丧时乘船到洞庭湖去，船被风浪打翻而沉入水中。她们对舜帝的真情被世人们传颂千古。

第五道程序"润茶"：称之为"洞庭波涌连天雪"。这道程序是洗茶、润茶。洞庭湖一带的老百姓

采茶雕塑

把湖中不起白花的小浪称之为"波"，把起白花的浪称为"涌"。在洗茶时，通过悬壶高冲，玻璃杯中会泛起一层白色泡沫，所以形象地称为"洞庭波涌连天雪"。冲茶后，杯中的水应尽快倒进茶池，以免泡久了造成茶中的养分流失。

第六道程序"冲水"：因为这次冲水是第二次冲水，所以称之为"碧涛再撼岳阳城"。这次冲水只可冲到七分杯。

第七道程序"闻香"：称之为"楚云香染楚王梦"。通过洗茶和温润之后，再冲入开水，君山银针的茶香即随着热气而散发。洞庭湖古属楚国，杯中的水气伴着茶香氤氲上升，如香云缭绕，故称楚云。"楚王梦"是套用楚王巫山梦神女，朝为云、暮为雨的典故，形容茶香如梦亦如幻，时而清悠淡雅，时而浓郁醉人。

第八道程序"赏茶"：也称为"看茶舞"，这是冲泡君山银针的特色程序。君山银针的茶芽在热水的浸泡下慢慢舒展开来，芽尖朝

上、蒂头下垂，在水中忽升忽降，时沉时浮，经过"三浮三沉"之后，最后竖立于杯底，随水波晃动，像是娥皇、女英落水后苏醒过来，在水下舞蹈。芽光水色，浑然一体，碧波绿芽，相映成趣，煞是好看。我国自古有"湘女多情"之说，似乎杯中的湘灵正在献舞，这浓浓的茶水恰似湘灵浓浓的情。

第九道程序"品茶"：称之为"人生三味一杯里"。品君山银针讲究要在一杯茶中品出三种味。即从第一道茶中品出湘君芬芳的清泪之味。从第二道茶中品出柳毅为龙女传书后，在碧云宫中尝到的甘露之味。第三道茶要品出君山银针这潇湘灵物所携带的大自然的无穷妙味。

第十道程序"谢茶"：称之为"品罢寸心逐白云"。这是精神上的升华，也是茶人的追求。品了三道茶之后，是像吕洞宾一样"明心见性，浪游世外我为真"，还是像清代巴陵邑宰陈大纲一样"四面湖山归眼底，万家忧乐到心头"。

阅读链接

君山银针成品茶按芽头肥瘦、曲直，色泽亮暗进行分级。以壮实挺直亮黄为上。优质茶芽头肥壮，紧实挺直，芽身金黄，满披银毫；汤色橙黄明净，香气清纯，叶底嫩黄匀亮，实为黄茶之珍品。君山银针在冲泡技术上也与其他茶叶不同。茶杯要选用耐高温的透明玻璃杯，杯盖要严实不漏气；冲泡用水必须是瓦壶中刚刚沸腾的开水；冲泡的速度要快，冲水时壶嘴从杯口迅速提至六七十厘米的高度；水冲满后，要敏捷地将杯盖盖好，隔三分钟后再将杯盖揭开。待茶芽大部立于杯底时即可欣赏、闻香、品饮。

春姑仙女传下信阳毛尖

相传在很久很久以前，信阳本没有茶，乡亲们吃不饱，穿不暖，许多人得了一种叫"疲劳痧"的怪病，瘟病越来越凶，不少地方都死绝了村户。

采茶姑娘

■ 茶园风光

一个叫春姑的姑娘看在眼里，急在心上，为了能给乡亲们治病，她四处奔走寻找能人。

一天，一位采药老人告诉姑娘："往西南方向翻过九十九座大山，蹚过九十九条大江，便能找到一种消除疾病的宝树。"

春姑按照老人的要求爬过九十九座大山，蹚过九十九条大江，在路上走了九九八十一天，累得精疲力尽，并且染上了可怕的瘟病，倒在一条小溪边。

这时，泉水中漂来一片树叶，春姑含在嘴里，马上神清目爽，浑身是劲，她顺着泉水向上寻找，果然找到了生长救命树叶的大树，摘下一颗种子。

看管茶树的神农氏老人告诉姑娘："摘下的种子必须在十天之内种进泥土，否则会前功尽弃。"

春姑想到十天之内赶不回去，也就不能抢救乡亲们，她难过得哭了。

神农氏老人见此情景，拿出神鞭抽了两下，春

神农氏 我国古代五氏出现的最后一位神祇，古代神话人物。他亲尝百草，以辨别药物作用，并以此撰写了人类最早的著作《神农本草经》，他还教人种植五谷、豢养家畜，使我国农业社会结构完成。

姑变成了一只画眉鸟。小画眉飞回家乡后，将树籽种下，见到树苗从泥土中探出头来，画眉高兴地笑了。这时，她的力气耗尽，在茶树旁化成了一块石头。

过了不久，茶树长大了，鸡公山上也飞出了一群群的小画眉，她们用尖尖的嘴巴啄下一片片茶叶，放进病人的嘴里，病人便马上好了，从此以后，种植茶树的人越来越多，也就有了茶园和茶山。

我国茶叶生产早在三千多年前的周朝就已开始。茶树原产于我国西南高原，随着气候、交通等方面的发展变迁，而传到祖国各地。因气候条件限制，茶树只能沿汉水传入河南，又在气候温和的信阳生根。信阳地区固始县的古墓中发掘有茶叶，考证已有2300多年，可见信阳种茶历史之悠久。

唐代我国茶叶生产发展开始进入兴盛时期，茶圣陆羽《茶经》把全国盛产茶叶的13个省42个州郡，划分为八大茶区，信阳归淮南茶区。并指出："淮南茶

鸡公山 传说天庭里有个司晨宫，里边住的是司晨仙官和司晨神鸡，专管天明报晓。有只司晨神鸡脾气倔，听到不平的事好说，遇到不平的事好管。有一次得罪了玉皇大帝，被贬到了凡间，人们称为鸡公，把它所站立报晓的山称为鸡公山。

■毛尖茶

光州上……"。旧《信阳县志》记载:"本山产茶甚古,唐地理志载,义阳土贡品有茶。"

唐代时,茶树开始种在鸡公山上,叫"口唇茶"。这种茶沏上开水后,品尝起来,满口清香,浑身舒畅,能够医治疾病。于是都说这口唇茶原是九天仙女种下的,并且还有一个美丽的传说:

相传,天宫瑶池的仙女们听说人间的鸡公山胜过仙宫的百花园,都想一饱眼福,便向王母娘娘提出请求。王母娘娘答应分批让她们下凡,一批限定三日。但有一条,不得与人婚配。

仙女们都想下去看看,生怕轮不到头上,她们向王母娘娘保证严守法规。王母娘娘爱喝茶,对司管仙茶园的九个仙女另眼看待,让她们首批离开了瑶池。

九个仙女来到鸡公山,拜见鸡公后便住下了。天上一日,人间一年,王母娘娘限定三日就是人间三

画眉鸟 相传春秋时期,范蠡和西施隐居民间。每天清晨和傍晚,爱美的西施都要到一座石桥上以水当镜,照镜画眉,格外好看。一天,有一群黄褐色的小鸟来到她身边欢唱着,并互相用尖喙画对方的眉毛。西施称呼这种小鸟为"画眉",自此世代相传。

■我国清代茶叶茶易

■ 品茶塑像

年。众仙女把鸡公山的怪石奇峰、山泉瀑布、名花异草的春夏秋冬四时景色都看遍了,离回去的时限还有二年呢。她们商量要办件好事,给鸡公山留下纪念。

为首的大姐说:"鸡公山应有的都有,有的都好,唯有一点不足,就是没有好茶。我倒有个想法,咱九姐妹化作九只画眉鸟,回到咱那仙茶园里衔来茶籽,不就补上了这个不足嘛!"

众仙女一听无不叫好。她们又问:"衔来茶籽不难,交给谁种呢?"大姐手往山脚下一指,大家看见一片竹林里有几间茅屋,心里都明白了。

那间茅屋里住着一个书生叫吴大贵,只因爹妈先后去世,剩他独自一人。他白天种地砍柴,晚上还要温习功课,准备科场应试。屋里墙上贴张白纸,上边写着"寂寞独有,清贫无双"。

这天夜里,他做了个梦,梦见一个仙女从鸡公山上下来对他说:"鸡公山水足土肥,气候适宜种茶。从明天开始,有九只画眉鸟从仙茶园里给你衔来茶籽。你在门口的一棵大竹子上系个篮子,把茶籽收下,开春种到坡上。到采茶炒茶的时候,我和姐妹们来给你帮忙。"

吴大贵醒来心里好喜:"哎呀,是我吴大贵勤奋读书感动了神仙啊!天机不可泄露,内中定有一番用意,叫种就种吧。"

第二天一大早,吴大贵起床,半信半疑地拿个篮子,系到门口那棵大竹上。系好,他扭头要回屋,只见一只只画眉鸟穿梭一般飞来,把嘴里衔的东西往篮子里一放,又飞走了。

吴大贵很惊奇,取下篮子一看,果然是九颗种子,虽没见过,他相信就是梦中所说的茶籽。

九只画眉鸟各衔来一颗种子后,稍停一会儿,又是一轮。如此衔了三天三夜,共衔来茶籽九千九百九十九颗。吴大贵很高兴,小心地把茶籽收藏起来。

第二年开春,吴大贵把茶籽种到山上。清明过后茶籽发芽,见风就长,几天长成了茶林。

这时,仙女又给吴大贵托梦,让他准备炒茶的大锅。吴大贵准备停当,来到茶林一看,又惊又喜。只见九个仙女正在采茶,个个面如桃花,不胖不瘦,不高不低。她们采茶不用手,而是用口唇,看那红

■采茶姑娘

艳艳的小口唇一张一合，又轻又快，采下了一个个油嫩的茶尖。

这时，为首的大姐走到吴大贵跟前说："这位大哥，俺姐妹采得不少啦。我给你烧火，咱去炒吧！"吴大贵笑着去了，但他不知道咋炒。大姐到竹林砍一把竹子扎成扫帚，让他在锅里不停地搅动。吴大贵只觉得茶香扑鼻，快把他熏醉了。

就这样，她们采着炒着，一直忙到谷雨。仙女们走后，吴大贵沏上一杯品尝。开水一倒，只见慢慢升起的雾气里现出九个仙女，一个接一个地飘飘飞去。

吴大贵端起茶杯一尝，满口清香，浑身舒畅，精神焕发。他心想：这样好的茶，起个啥名呢？既然茶籽是画眉鸟用嘴衔来的，茶是仙女用口唇采的，就叫"口唇茶"吧。

消息一传开，义阳知州听说了，马上派人来要茶，拿回去泡上一看，搭口一尝，拍案叫绝。当即定为贡品，要孝敬大唐皇帝唐玄宗。

知州把口唇茶亲自送到朝里，又禀明了它的来历，玄宗大喜。朝中第二个喝到口唇茶的是皇上最宠爱的妃子杨贵妃。她当时精神不爽，一杯口唇茶喝下去，病体痊愈。

■毛尖茶

杨贵妃（719—756），即杨玉环，字太真，唐玄宗的贵妃。杨贵妃天生丽质，"回眸一笑百媚生，六宫粉黛无颜色"，堪称大唐第一美女，此后千余年，无出其右者。杨贵妃与西施、王昭君、貂蝉并称为我国古代四大美女。四大美女享有"闭月羞花之貌，沉鱼落雁之容"之称。其中"羞花"，说的就是杨贵妃。

■ 古茶社

唐玄宗高兴了,对口唇茶大加赞赏,传下圣旨:一要在鸡公山上修千佛塔一座,感谢神灵;二规定"口唇茶"年年进贡到朝廷,民间不得饮用;三是赐吴大贵黄金千两,要他用心护理茶林……

信阳气候适宜,湿润多雨,土质疏松肥沃,对茶树生长具有得天独厚的自然条件。唐代陆羽《茶经》和唐代李肇《国史补》中把义阳茶列为当时的名茶。

宋朝,在《宁史·食货志》和宋徽宗赵佶《大观茶论》中把信阳茶列为名茶。大词人苏东坡谓:"淮南茶信阳第一。"西南山农家种茶者多本山茶,色味香俱美,品不在浙闽以下。

元朝,据元代马端临《文献通考》载:"光州产东首、浅山、薄侧"等名茶。

到了清代,茶叶生产得到恢复。清朝中期是河南茶叶生产又一个迅速发展时期,制茶技术逐渐精湛,

义阳 信阳古称,位于河南省南部,东与安徽为邻,南与湖北接壤,左扼两淮,右控江汉,承东启西,屏蔽中原,素有"三省通衢"之称,自古以来,是江淮河汉之间的战略要地,又是南北经济文化交流的重要通道。

制茶质量越来越讲究。

清光绪时期，原是清政府住信阳缉私拿统领、旧茶业公所成员的蔡祖贤，提出开山种茶的倡议。当时曾任信阳劝业所所长、有雄厚资金来源的甘周源积极响应，他同王子谟、地主彭清阁等在信阳震雷山北麓恢复种茶，成立元贞茶社，从安徽请来一名余姓茶师，指导茶树栽培与制作。

后来，甘周源又邀请陈玉轩、王选青等人在信阳骆驼店商议种茶，组织成立宏济茶社，派吴少渠到安徽六安、麻埠一带买茶籽，还请来六安茶师吴记顺、吴少堂帮助指导种茶制茶。

这时的制茶法，基本上是炒制方法，用小平锅分生锅和熟锅两锅进行炒制。炒茶工具采用帚把，生锅用两个帚把，双手各持一把，挑着炒。熟锅用大帚把代替揉捻。这就制成了细茶信阳毛尖。

1911年，甘周源又在甘家冲、小孙家成立裕申茶社，在此带动下，毗邻各山头茶园发展具有一定规模。茶商唐慧清到杭州西湖购买茶籽并学习炒制技术。回来后，在炒制法的基础上，又把抓条、理条手法融入到信阳毛尖的炒制中去，改生锅用小把炒制为生熟锅均用大帚把炒制，用这种炒制法制造的信阳毛尖质量更加上乘。

宋徽宗赵佶（1082—1135），宋朝第八位皇帝。宋徽宗在位时广收古物和书画，扩充翰林图画院，并使文臣编辑《宣和书谱》《宣和画谱》《宣和博古图》等书，对绘画艺术有很大的推动和倡导作用。他还自创一种书法字体被后人称为"瘦金书"。

■ 清代青釉暗花茶叶末座描金盖碗

在新的工艺制作下，信阳毛尖也被分成了几个等级：

特级：一芽一叶初展，外形紧细圆匀称，细嫩多毫，色泽嫩绿油润，叶底嫩匀，芽叶成朵，叶底柔软，叶底嫩绿，香气高爽，鲜嫩持久，滋味鲜爽，汤色鲜明。

一级：一芽一叶或一芽二叶初展为主，外形条索紧秀、圆、直、匀称多白毫，色泽翠绿，叶底匀称，芽叶成朵，叶色嫩绿而明亮，香气鲜浓，板栗香，甘甜，汤色明亮。

二级：一芽一二叶为多，条索紧结，圆直欠匀，白毫显露，色泽翠绿，稍有嫩茎，叶底嫩，芽叶成朵，叶底柔软，叶色绿亮，香气鲜嫩，有板栗香，滋味浓强，甘甜，汤色绿亮。

三级：一芽二三叶为多，条索紧实光圆直芽头显露，色泽翠绿，有少量粗条，叶底嫩欠匀，稍有嫩单张和对夹叶，叶底较柔软，色嫩绿较明亮，香气清香，滋味醇厚，汤色明净。

四级：外形条索较粗实，圆，有少量朴青，色泽青黄，叶底嫩欠匀，香气纯正，醇和，汤色泛黄清亮。

五级：条索粗松，有少量朴片，色泽黄绿，叶底粗老，有弹性，香气纯正，滋味平和，汤色黄尚亮。

阅读链接

1914年，为了迎接1915年巴拿马运河通航而举行的万国博览会，信阳县茶区积极筹备参赛茶样，有贡针茶、白毫茶、已熏龙井茶、未熏龙井茶、毛尖茶、珠三茶、雀舌茶。1915年2月，在博览会上，经评判，信阳毛尖茶以外形美观、香气清高、滋味浓醇的独特品质，被授予世界茶叶金质奖状和奖章。信阳毛尖从此成为河南省优质绿茶的代表。1958年，信阳毛尖在全国评茶会上被评为全国十大名茶。